www.kuhminsa.com

JN366763

한발 앞서는 출판사 구민사

KUH MIN SA

#604, Mullaebuk-ro 116, Yeongdeungpo-gu
Seoul, Republic of Korea

T. 02 701 7421
F. 02 3273 9642

Email kuhminsa@kuhminsa.co.kr

자격증 시험 접수부터 자격증 수령까지

필기 원서 접수

큐넷 회원 가입 후
(www.q-net.or.kr)
인터넷 접수만 가능
사진 파일, 접수비
(인터넷 결제) 필요
응시자격 요건
반드시 확인할 것

필기 시험

입실 시간 미준수 시
시험 응시 불가
준비물 : 수험표,
신분증, 필기구 지참

필기 합격 확인

큐넷 사이트에서 확인
(www.q-net.or.kr)

실기 원서 접수

큐넷 회원 가입 후
(www.q-net.or.kr)
응시 자격 서류는
실기시험 접수기간
(4일 내) 에 제출
해야만 접수 가능

합격

한 발 앞서나가는 출판사
구민사에서 시작하세요!

실기 시험

메이크업 미용 실무, 작업형. 원서 접수 시 선택한 장소와 시간에 시험
준비물 : 수험표, 신분증, 필기구 지참!

최종합격 확인

큐넷 사이트에서 확인
(www.q-net.or.kr)

자격증 신청

방문 or 인터넷 신청 가능. 방문 신청 시 신분증, 발급 수수료 지참할 것

자격증 수령

방문 or 등기 우편 수령 가능
등기비용을 추가하면 우편으로 받을 수 있습니다.

13주 합격 PLAN

하기의 플랜은 저자가 추천하는 계획이므로 참고하여 개인의 역량과 일정에 맞춰 준비하시기를 권장합니다.

D-100

1주차
- **1과제** 내추럴 → 웨딩로맨틱 → 웨딩클래식 → 한복 순으로 차분히 2회씩 연습

2주차
- **2과제** 그레타 가르보 → 마릴린 먼로 → 트위기 → 펑크 순으로 차분히 2회씩 연습

3주차
- **3과제** 노인 → 한국무용 → 발레 → 레오파드 순으로 차분히 2회씩 연습

4주차
- **4과제** 속눈썹 익스텐션 왼쪽 → 속눈썹 익스텐션 오른쪽 → 수염 순으로 차분히 2회씩 연습

5주차
- **1과제** 내추럴 → 웨딩로맨틱 → 웨딩클래식 → 한복 순으로 시험시간 40분에 맞추어 2회씩 연습

D-70

6주차
- **2과제** 그레타 가르보 → 마릴린 먼로 → 트위기 → 펑크 순으로 시험시간 40분에 맞추어 2회씩 연습

7주차
- **3과제** 노인 → 한국무용 → 발레 → 레오파드 순으로 시험시간 50분에 맞추어 2회씩 연습

8주차
- **4과제** 속눈썹 익스텐션 왼쪽 → 속눈썹 익스텐션 오른쪽 → 수염 순으로 시험시간 25분에 맞추어 2회씩 연습

D-40

9주차
1과제 내추럴 → 웨딩로맨틱 → 웨딩클래식 → 한복 순으로 시험시간 40분에 맞추어 2회씩 연습

10주차
2과제 그레타 가르보 → 마릴린 먼로 → 트위기 → 펑크 순으로 시험시간 40분에 맞추어 2회씩 연습

11주차
3과제 노인 → 한국무용 → 발레 → 레오파드 순으로 시험시간 50분에 맞추어 2회씩 연습

12주차
4과제 속눈썹 익스텐션 왼쪽 → 속눈썹 익스텐션 오른쪽 → 수염 순으로 시험시간 25분에 맞추어 2회씩 연습

13주차
놓친 부분 다시 보기. 시간이 부족하거나 완성도가 부족한 과제 위주로 복습하기.

D-10

TIP 시험과제를 연습할 때는 암기와 복습을 위해서 모든 과제의 결과물을 여러 각도에서 사진으로 찍어 둡니다. 피부표현은 해당 과제에 맞게 했는지, 눈썹의 형태와 대칭이 맞는지, 아이메이크업은 완성도 있게 연출되었는지, 전 과정을 잘 수행하였는지 수시로 확인하는 것을 추천합니다.

PREFACE 머리말

K beauty 브랜드들의 다양한 컨텐츠가 글로벌화 되고 세계적인 성장을 함에 따라 성공적인 메이크업 아티스트의 사례 또한 증가하면서 그에 대한 인적 수요도 크게 늘어나고 있습니다.

뷰티산업은 대중의 소비문화를 직접적으로 이끄는 고부가가치산업으로 국가경제와도 밀접하게 자리하고 있어 국가적 차원에서 메이크업 아티스트의 직업적 능력을 평가, 인증하기 위해 메이크업 민간자격증이 국가자격증으로 거듭났습니다.

언제든 검색만하면 시험자료와 정보들이 넘쳐나고 있지만 학습자가 능동적으로 쉽고 빠르게 습득하여 응용할 수 있는 정확한 자료를 찾아 자기것으로 만드는 것이 중요하겠습니다.

미용사(메이크업) 국가기술자격 실기시험 과정을 대학강의, 학원강의, 개인지도 외 다양한 기관에서 수많은 합격자와 불합격자를 경험하고 경우의 수를 분석하여 학습자에게 쉽고 빠르게 익힐 수 있는 노하우를 전달하고 싶다는 생각을 했습니다.

구체적인 계획을 세우고 단계적으로 실천하면서 기술을 터득하고 반복 학습한다면 나도 모르는 사이 점진적으로 완성도 높은 결과물을 마주할 수 있을 것입니다.

이 책이 시험을 준비하는 모든 이들에게 성공적인 합격에 도달하기 위한 발판이 되기를 간절히 희망해 봅니다.

이 책의 집필에 도움주신 현경화 학과장님, 김교숙 대학민국미용명장님, 그리고 출판을 위해 적극적으로 도움주신 도서출판 구민사 조규백 대표님과 직원 여러분께 깊은 감사를 드립니다.

저자 씀

CONTENTS 목차

CHAPTER 01 미용사(메이크업)국가기술자격 상시검정 안내 ········ 11

CHAPTER 02 미용사(메이크업)국가기술자격 실기시험 출제기준 ········ 15

CHAPTER 03 미용사(메이크업)국가기술자격 실기시험 과제 구성 ········ 21

CHAPTER 04 미용사(메이크업)국가기술자격 실기시험 수험자 유의사항 ········ 23

CHAPTER 05 미용사(메이크업)국가기술자격 실기시험 사전준비 ········ 27
1. 신분증 ········ 27
2. 수험자 ········ 29
3. 모델 ········ 30

CHAPTER 06 미용사(메이크업)국가기술자격 실기시험 재료목록 ········ 33
1. 작업대 세팅 1, 2, 3과제 ········ 39
2. 작업대 세팅 4과제 – 속눈썹 익스텐션 ········ 39
3. 작업대 세팅 4과제 – 미디어 수염 ········ 40
4. 클렌징재료 세팅 ········ 41

※ 영상으로 공부하는 메이크업 과정 QR 수록[CHAPTER 7부터 CHAPTER 11]

CHAPTER 07 [1과제] 뷰티 메이크업 · 43
1. 웨딩(로맨틱) · 44
2. 웨딩(클래식) · 60
3. 한복 · 76
4. 내추럴 · 92

CHAPTER 08 [2과제] 시대 메이크업 · 107
1. 그레타 가르보 · 108
2. 마릴린 먼로 · 126
3. 트위기 · 142
4. 펑크 · 157

CHAPTER 09 [3과제] 캐릭터 메이크업 · 175
1. 레오파드 · 176
2. 한국무용 · 193
3. 발레 · 210
4. 노인 · 229

CHAPTER 10 [4과제] 속눈썹 익스텐션 · 245
1. 속눈썹 익스텐션(왼쪽) · 246
2. 속눈썹 익스텐션(오른쪽) · 263

CHAPTER 11　**[4과제] 미디어 수염** 281
1. 미디어 수염 282

CHAPTER 12　**미용사(메이크업) 공개문제 및 지참준비물 관련 FAQ** 297

미용사 메이크업 실기

Make-up

CHAPTER 01 미용사(메이크업)국가기술자격 상시검정 안내

◆ **자격명** : 미용사(메이크업)
◆ **관련부처** : 보건복지부
◆ **시행기관** : 한국산업인력공단

◆ **개요**
메이크업에 관한 숙련기능을 가지고 현장업무를 수용할 수 있는 능력을 가진 전문기능인력을 양성하고자 자격제도를 제정

◆ **진로 및 전망**
메이크업아티스트, 메이크업강사, 화장품 관련 회사, 메이크업 미용업 창업, 고등 기술학교 등

◆ **수행직무**
특정한 상황과 목적에 맞는 이미지, 캐릭터 창출을 목적으로 이미지분석, 디자인, 메이크업, 뷰티코디네이션, 후속관리 등을 실행함으로써 얼굴·신체를 표현하는 업무 수행

◆ **원서접수**
- 접수방법 : 큐넷 홈페이지(http://q-net.or.kr) 인터넷 접수

- 접수기간
  - 원서접수 시간 : 회별 원서접수 첫날 10:00부터 마지막 날 18:00까지
    ※ 원서접수 기간이 분할되어 있는 경우 각 일자별 10:00부터 18:00까지
  - 회별 접수기간 별도 지정([별첨] 참조)
  - 공단 창립기념일[3.18.(목)], 어린이날[5.5.(수)], 부처님오신날[5.19.(수)] 및 토요일, 휴일은 시험원서를 접수하지 않음

- 월별·회별 시행지역 및 시행종목은 지역별 시험장 여건 및 응시 예상인원을 고려하여 소속기관별로 조정하여 시행
- 조정된 월별 세부시행계획은 전월에 큐넷 홈페이지 공고

🌣 **TIP** 접수 시 중요 포인트!

접수 시 시험일자 및 장소는 수험자 본인이 선택하게 되어 먼저 접수하는 수험자가 시험일자 및 시험장 선택의 폭이 넓으므로 선점하시는 것을 추천합니다.

◆ **채점**
- 필기시험(CBT) : 전산을 통한 자동 채점
- 실기시험 : 채점기준에 의거하여 현장에서 채점

◆ **취득방법**
- 필기 : 1. 메이크업 개론 2. 공중위생관리학 3. 화장품학

  60점 이상/ 100점 합격자에 한해

- 실기 : 메이크업 미용실무

  60점 이상 / 100점 최종 합격

◆ **합격자 발표**
- 발표일자
  - 필기시험(CBT) : 필기시험 응시일
  - 실기시험 : 회별 발표일 별도 지정

- 발표방법
  - 인터넷 : 큐넷 홈페이지(http://q-net.or.kr)
  - 전 화 : ARS 자동응답전화(☎ 1666-0100)
  - 필기시험(CBT)은 시험종료 즉시 합격 여부가 확인이 가능하므로, 별도의 ARS 자동응답 전화를 통한 합격자 발표 미운영
  - 실기시험 합격자 발표시간은 해당 발표일 09:00임

◆ **자격증 발급**
- 상장형 자격증 : 수험자가 직접 인터넷을 통해 발급·출력
  - 상장형 자격증 발급, 활용 : 한국산업인력공단에서 발급하는 자격증은 '상장형 자격증'을 원칙으로 합니다.
  - 공단에서 발급하는 자격증은 그 형태(상장형, 수첩형)에 상관없이 법적 효력이 동일(국가기술자격법 시행규칙 제28조)하며, 상장형 자격증도 경력 및 학점 인정 등을 위한 자격증 제출 시 활용 가능합니다.
  - 상장형 자격증은 발급수수료가 없으며(무료 발급), 인터넷으로 편리하게 신청하고 자가 프린터를 통해

즉시 발급(출력) 하실 수 있어 공단에서는 상장형 자격증을 자격증 발급의 기본형태로 정하고 있음을 알려드립니다.(자격증 우편배송은 불가함)

- 수첩형자격증 : 인터넷 신청 후 우편배송만 가능하며, 방문발급 및 인터넷 신청 후 방문수령은 '21.5.1.부터 폐지
  - 수첩형 자격증 발급, 활용 : 수첩형 자격증 발급을 희망할 경우 인터넷 신청을 통해 원하는 장소(자택 등)로 편리하게 우편 배송 받을 수 있으며, 발급 시에는 발급 수수료가 부과되며, 카드 또는 계좌 이체로 결제하실 수 있습니다.

발급신청	수수료	배송비
인터넷 신청 및 우편배송	3,100원	2,942원

◆ **수험자 안내사항**
- 연도별 상시검정 시행계획 공고
  - 2020년까지는 상·하반기 별도로 시행계획을 공고하였으나, 2021년부터는 연간 상시검정 시행계획을 통합하여 공고

◆ **수험자 유의사항**
- 수수료 환불 및 접수취소 관련 사항은 큐넷 홈페이지를 참고
- 천재지변, 코로나19 확산 및 응시인원 증가 등 부득이한 사유 발생 시에는 시행일정을 공단이 별도로 지정할 수 있음
- 필기시험 면제기간은 당회 필기시험 합격자 발표일로부터 2년간 임
- 공단 인정 신분증 미지참자는 당해시험 정지(퇴실) 및 무효처리
- 소지품 정리시간 이후 불허물품 소지·착용 시는 당해시험 정지(퇴실) 및 무효처리
- 시험장 입장은 시험장별 첫 입실시간 30분 전부터 가능
- 시험실 입장은 시험 부별 입실시간에 따름
- 시험관련 변경사항 SMS(알림톡) 안내 등을 위하여 '큐넷-마이페이지-개인정보관리'에서 휴대전화번호 최신화
  - SMS(알림톡)은 수신동의자에 한해 발송됨
- 실기시험에 접수한 수험자는 해당 회차 실기시험의 합격자 발표일 전까지 동일한 종목의 실기시험에 중복하여 접수 불가

미용사 메이크업 실기
Make-up

CHAPTER 02 미용사(메이크업)국가기술자격 실기시험 출제기준

직무 분야	이용·숙박· 여행·오락·스포츠	중직무 분야	이용· 미용	자격 종목	미용사(메이크업)	적용 기간	2022년 상시 실기 검정 제1회부터
• 직무내용 : 얼굴·신체를 아름답게 하거나 특정한 상황과 목적에 맞는 이미지분석, 디자인, 메이크업, 뷰티코디네이션, 후속관리 등을 실행하기 위해 적절한 관리법과 도구, 기기 및 제품을 사용하여 메이크업을 수행하는 직무이다. • 수행준거 : 1. 작업자와 고객 위생관리를 포함한 메이크업 용품, 시설, 도구 등을 청결히 하고 안전하게 사용할 수 있도록 관리·점검할 수 있다. 　　　　　 2. 고객과의 상담을 통해 메이크업TPO(Time, Place, Occasion)를 파악할 수 있다. 　　　　　 3. 기본, 웨딩, 미디어 등의 메이크업을 실행할 수 있다.							
실기검정방법	작업형				시험시간	2시간 30분 정도		

실기 과목명	주요항목	세부항목	세세항목
메이크업 미용실무	1. 메이크업숍 안전 위생 관리	1. 메이크업숍 위생관리 하기	1. 메이크업시설, 설비 및 도구/기기 등을 소독하거나 먼지를 제거할 수 있다. 2. 메이크업 작업 환경을 청결하게 청소할 수 있다. 3. 메이크업 시행에 필요한 기기·도구·제품 체크리스트를 만들 수 있다. 4. 메이크업 도구관리 체크리스트에 따라 사전점검 작업을 실시할 수 있다.
	2. 메이크업 상담	1. 얼굴특성분석 및 메이크업 상담하기	1. 고객과의 상담을 통해 메이크업 TPO를 파악할 수 있다. 2. 메이크업에 반영될 고객(작품)의 직업, 연령, 환경 등의 정보를 파악할 수 있다. 3. 고객 상담을 통해 원하는 스타일, 콘셉트 등을 파악할 수 있다. 4. 고객의 심리적, 정서적 특성을 고려하여 메이크업 디자인 정보를 고객에게 전달 수 있다. 5. 고객 요구와 관찰을 통해 얼굴형태, 특성등을 파악할 수 있다. 6. 메이크업 시행 전 피부상태를 문진표, 기기 등등 통해 파악할 수 있다. 7. 얼굴특성 분석에 따른 메이크업 방향과 보완책을 고객에게 설명할 수 있다.
	3. 기본 메이크업	1. 기초제품 사용하기	1. 메이크업을 하기 위한 클렌징을 실시할 수 있다. 2. 피부타입, 상태에 따라 기초제품 제형, 바르는 순서 등을 선택할 수 있다. 3. 기초제품으로 피부의 일시적인 이상, 트러블에 대한 조치를 취할 수 있다.

실기 과목명	주요항목	세부항목	세세항목
		2. 베이스 메이크업하기	1. 피부상태, 디자인 등에 따른 메이크업 제형, 색상을 선택할 수 있다. 2. 얼굴형태, 피부색 등을 고려하여 자연스러운 피부표현을 할 수 있다. 3. 피부의 추가적인 결점 보완을 위한 제품을 선택할 수 있다. 4. 얼굴형태, 피부상태에 따른 윤곽 수정 제품을 사용할 수 있다.
		3. 아이 메이크업하기	1. 재료의 특성에 따른 질감, 발색, 밀착성, 발림성 등을 구분·선택할 수 있다. 2. 메이크업목적, 디자인 등을 반영하여 아이섀도우를 표현할 수 있다. 3. 메이크업목적, 디자인과 조화로운 아이라인을 표현할 수 있다. 4. 아이 메이크업 디자인과 조화되는 마스카라 제품을 활용할 수 있다. 5. 속눈썹표현을 위하여 제품을 가공하여 표현할 수 있다. 6. 최신 아이메이크업 트렌드, 제품정보를 고객에게 설명할 수 있다.
		4. 아이브로 메이크업 하기	1. 눈썹형태, 얼굴형, 디자인 등에 따른 아이브로 이미지를 구분할 수 있다. 2. 메이크업디자인, 스타일 등에 따른 아이브로를 표현할 수 있다. 3. 고객의 자기 관찰을 통한 요구 사항을 분석하여 아이브로 메이크업을 수정할 수 있다. 4. 최신 아이브로 표현 트렌드, 제품 정보 등을 고객에게 설명할 수 있다.
		5. 립 & 치크 메이크업	1. 스타일과 조화로운 립&치크 기본 형태를 디자인 할 수 있다. 2. 재료의 질감, 발색, 밀착성, 발림성 등을 구분할 수 있다. 3. 메이크업 디자인과 조화되는 제품을 선택하여 립&치크 메이크업을 할 수 있다. 4. 립&치크 메이크업 트렌드, 제품정보를 고객에게 설명할 수 있다.
		6. 마무리 스타일링 하기	1. 스타일, 표현 이미지와 조화되는 수정보완 메이크업을 실시할 수 있다. 2. 메이크업 관련 스타일링, 코디네이션 트렌드를 고객에게 전달할 수 있다.

실기 과목명	주요항목	세부항목	세세항목
	4. 웨딩 메이크업	1. 웨딩이미지 파악하기	1. 결혼식 장소의 조명, 크기, 공간디자인 등을 파악할 수 있다. 2. 웨딩촬영(화보)콘셉트, 촬영 장소 특성 등을 파악할 수 있다. 3. 웨딩드레스, 헤어스타일 등으로 고객이 선호하는 웨딩이미지를 파악할 수 있다. 4. 수집된 정보를 종합 분석하여 고객이 원하는 웨딩콘셉트를 제시할 수 있다. 5. 웨딩관련 최신 트렌드와 메이크업정보를 고객에게 제공할 수 있다.
		2. 웨딩 메이크업 이미지 제안하기	1. 웨딩메이크업 이미지 연출을 위한 소품을 준비할 수 있다. 2. 수집된 정보를 분석하여 웨딩메이크업 이미지를 제안할 수 있다. 3. 고객 요구를 반영하여 웨딩메이크업 이미지를 수정할 수 있다. 4. 다양한 콘셉트의 웨딩 메이크업 포트폴리오, 시안을 제작할 수 있다.
		3. 웨딩 메이크업 실행하기	1. 웨딩환경, 드레스, 스타일링 등을 고려한 웨딩 메이크업을 실행할 수 있다. 2. 웨딩콘셉트와 신부메이크업방향을 고려하여 신랑 메이크업을 실행할 수 있다. 3. 웨딩콘셉트와 조화로운 관계자(혼주등) 메이크업을 실행할 수 있다. 4. 이미지유지와 고객요구에 따라 웨딩현장에서 메이크업을 보완할 수 있다.
	5. 미디어 메이크업	1. 미디어 기획의도 파악하기	1. 클라이언트, 연출자관계자 회의에서 작품의도와 목적을 파악할 수 있다. 2. 촬영관계자 회의에서 촬영의도를 파악할 수 있다. 3. 작품종류, 내용에 대한 사전분석을 통해 기획의도를 분석할 수 있다. 4. 미디어 장르별 표현 특징을 디자인 기획에 반영할 수 있다.
		2. 미디어 현장 분석하기	1. 세트장크기, 전체배경, 색감, 디자인의도, 촬영환경 등을 파악할 수 있다. 2. 시대적 배경, 시대환경, 촬영시간대 등의 현장상황을 파악할 수 있다. 3. 조명, 색과 조도변화에 따른 메이크업 강도, 색조를 조절할 수 있다. 4. 현장분석 결과를 통해 메이크업 실시 시의 고려사항을 도출해 낼 수 있다.

실기 과목명	주요항목	세부항목	세세항목
		3. 미디어 메이크업 이미지 분석하기	1. 기획의도가 반영된 자료를 통해 모델 이미지를 분석할 수 있다. 2. 관계자 회의에서 모델 코디네이션, 스타일요구를 파악할 수 있다. 3. 제작회의 등에서 표현될 메이크업 이미지 시안을 발표할 수 있다. 4. 작품의도, 목적을 부각시킬 수 있는 메이크업방향 변화를 제안할 수 있다.
		4. 미디어 메이크업 캐릭터 개발하기	1. 인물 간 역학관계, 성격, 특성 등을 파악하여 캐릭터를 설계할 수 있다. 2. 캐릭터 개발을 위해 연기자(모델)의 이미지, 체형 등을 분석할 수 있다. 3. 개발 캐릭터의 특징, 메이크업 방향 등을 시안으로 표현할 수 있다. 4. 캐릭터 특성을 표현하기 위한 부가적인 소품을 구비할 수 있다. 5. 작품의도, 목적 부각을 위해 메이크업 캐릭터 콘셉트를 조정할 수 있다.
		5. 미디어 메이크업 실행하기	1. 미디어현장의 조명에 따라 적합한 메이크업 제품을 선택하여 사용할 수 있다. 2. 작성된 캐릭터 시안을 중심으로 미디어 메이크업을 표현할 수 있다. 3. 미디어의 종류와 표현 색감에 따라 메이크업을 수정할 수 있다. 4. 미디어촬영 현장에서의 메이크업 유지를 위하여 수정·보완할 수 있다. 5. 표현 미디어의 특성과 최신 트렌드를 지속적으로 수집·반영할 수 있다.

MEMO

미용사 메이크업 실기

Make-up

CHAPTER 03 미용사(메이크업)국가기술자격 실기시험 과제 구성

◆ 미용사(메이크업) 과제 유형(2시간 35분)

과제유형	제1과제 (40분)	제2과제 (40분)	제3과제 (50분)	제4과제 (25분)
	뷰티 메이크업	시대 메이크업	캐릭터 메이크업	속눈썹 익스텐션 및 수염
작업대상	모델	모델	모델	마네킹
세부과제	1) 웨딩 (로맨틱)	1) 현대1-1930 (그레타 가르보)	1) 이미지 (레오파드)	1) 속눈썹 익스텐션(왼쪽)
	2) 웨딩 (클래식)	2) 현대2-1950 (마릴린 먼로)	2) 무용 (한국)	2) 속눈썹 익스텐션(오른쪽)
	3) 한복	3) 현대3-1960 (트위기)	3) 무용 (발레)	3) 미디어 수염
	4) 내추럴	4) 현대4-1970~1980 (펑크)	4) 노인 (추면)	
배점	30	30	25	15

+ 총 4과제로 시험 당일 각 과제가 랜덤 선정되는 방식으로 아래와 같이 선정
  ◉ 1과제 : ❶ ~ ❹ 과제 중 1과제 선정
  ◉ 2과제 : ❶ ~ ❹ 과제 중 1과제 선정
  ◉ 3과제 : ❶ ~ ❹ 과제 중 1과제 선정
  ◉ 4과제 : ❶ ~ ❸ 과제 중 1과제 선정

+ 각 과제 작업 종료 후에는 다음 과제를 위한 준비시간이 부여될 예정이며 1, 2 과제 작업 후 클렌징 및 세안 (준비시간 내) 진행

미용사 메이크업 실기

Make-up

CHAPTER

미용사(메이크업)국가기술자격 실기시험 수험자 유의사항

다음 사항을 준수하여 실기시험에 임하여 주십시오. 만약 아래의 사항을 지키지 않을 경우, 시험장의 입실 및 수험에 제한을 받는 불이익이 발생할 수 있다는 점 인지하여 주시고, 시험위원의 지시가 있을 경우, 다소 불편함이 있더라도 적극 협조하여 주시기 바랍니다.

① 수험자와 모델은 시험위원의 지시에 따라야 하며, 지정된 시간에 시험장에 입실해야 합니다.
② 수험자는 수험표 및 신분증(본인임을 확인할 수 있는 사진이 부착된 증명서)을 지참해야 합니다.
③ 수험자는 반드시 반팔 또는 긴팔 흰색 위생복(일회용 가운 제외)을 착용하여야 하며 복장에 소속을 나타내거나 암시하는 표식이 없어야 합니다.
④ 수험자 및 모델은 눈에 보이는 표식(예 : 네일 컬러링, 디자인 등)이 없어야 하며, 표식이 될 수 있는 액세서리 (예 : 반지, 시계, 팔찌, 발찌, 목걸이, 귀걸이 등)를 착용할 수 없습니다.
⑤ 수험자 또는 모델은 스톱워치나 핸드폰을 사용할 수 없습니다.
⑥ 모든 수험자는 함께 대동한 모델에 작업해야 하고 모델을 대동하지 않을 시에는 과제에 응시할 수 없습니다.
  • 모델기준 : 만 14세 이상~만 55세 이하(년도 기준)
    – 모델은 사전에 메이크업이 되어 있지 않은 상태로 시험에 임하여야 합니다.
    – 수험자가 동반한 모델도 신분증을 지참하여야 하며, 공단에서 지정한 신분증을 지참하지 않은 경우, 모델로 시험에 참여가 불가능합니다.
⑦ 수험자는 시험 중에 관리상 필요한 이동을 제외하고 지정된 자리를 이탈하거나 모델 또는 다른 수험자와 대화할 수 없습니다.
⑧ 과제별 시험 시작 전 준비시간에 해당 시험 과제의 모든 준비물을 작업대에 세팅하여야 하며, 시험 중에는 도구 또는 재료를 꺼내는 경우 감점 처리합니다.
⑨ 지참하는 준비물은 시중에서 판매되는 제품이면 무방하며, 브랜드를 따로 지정하지 않습니다.
⑩ 지참하는 화장품 등은 외국산, 국산 구별 없이 시중에서 누구나 쉽게 구입할 수 있는 것을 지참(수험자가 평소 사용하던 화장품도 무방함)하도록 합니다.
⑪ 수험자가 도구 또는 재료에 구별을 위해 표식(스티커 등)을 만들어 붙일 수 없습니다.
⑫ 수험자는 위생봉투(투명비닐)를 준비하여 쓰레기봉투로 사용할 수 있도록 작업대에 부착합니다.
⑬ 매 과정별 요구사항에 여러 가지의 형이 있는 경우에는 반드시 시험위원이 지정하는 형을 작업해야 합니다.
⑭ 매 작업과정 시술 전에는 준비 작업시간을 부여하므로 시험위원의 지시에 따라 행동하고 각종 도구도 잘 정리 정돈한 다음 작업에 임하며, 과제 시작 전 사용에 적합한 상태를 유지하도록 미리준비(작업대 세팅 및 모델 터번 착용 등)합니다.

⑮ 시험 종료 후 지참한 모든 재료는 수험자가 가지고 가며, 주변 정리 정돈을 끝내고 퇴실토록 합니다.
⑯ 제시된 시험시간 안에 모든 작업과 마무리 및 작업대 정리 등을 끝내야 하며, 시험시간을 초과하여 작업하는 경우는 해당 과제를 0점 처리합니다.
⑰ 각 과제별 작업을 위한 모델의 준비가 적합하지 않을 경우 감점 혹은 과제 0점 처리될 수 있습니다.
⑱ 시험 종료 후 시험위원의 지시에 따라 마네킹에 기 작업된 4과제 작업분을 변형 혹은 제거한 후 퇴실하여야 합니다.
⑲ 각 (1~3)과제 종료 후 다음 과제 준비시간 전에 시험위원의 지시에 따라 클렌징 제품 및 도구를 사용하여 완성된 과제를 제거하고 다음 과제 작업 준비를 해야 합니다.
⑳ 작업에 필요한 각종 도구를 바닥에 떨어뜨리는 일이 없도록 하여야 하며, 특히 눈썹칼, 가위 등을 조심성 있게 다루어 안전사고가 발생되지 않도록 주의해야 합니다.

㉑ 채점 대상 제외 사항
- 시험의 전체 과정을 응시하지 않은 경우
- 시험도중 시험장을 무단으로 이탈하는 경우
- 부정한 방법으로 타인의 도움을 받거나 타인의 시험을 방해하는 경우
- 무단으로 모델을 수험자간에 교체하는 경우
- 국가자격검정 규정에 위배되는 부정행위 등을 하는 경우
- 수험자가 위생복을 착용하지 않은 경우
- 수험자 유의사항 내의 모델 조건에 부적합한 경우
- 요구사항 등의 내용을 사전에 준비해 온 경우(예 : 눈썹을 미리 그려온 경우, 수염 과제를 미리 해 온 경우, 턱 부위에 밑그림을 그려온 경우, 속눈썹(J컬)을 미리 붙여온 상태 등)
- 마네킹을 지참하지 않은 경우

㉒ 시험응시 제외 사항
- 모델을 데려오지 않은 경우

㉓ 오작 사항
- 요구된 과제가 아닌 다른 과제를 작업하는 경우
  (예 : 웨딩(로맨틱) 메이크업을 웨딩(클래식) 메이크업으로 작업한 경우 등)
- 작업부위를 바꿔서 작업하는 경우
  (예 : 마네킹(속눈썹)의 좌우를 바꿔서 작업하는 경우 등)

㉔ 득점 외 별도 감점사항
- 수험자의 복장상태, 모델 및 마네킹의 사전 준비상태 등 어느 하나라도 미 준비하거나 사전준비 작업이 미흡한 경우
- 필요한 기구 및 재료 등을 시험 도중에 꺼내는 경우
- 문신 및 반영구 메이크업(눈썹, 아이라인, 입술) 및 속눈썹 연장을 한 모델을 대동한 경우
- 눈썹염색 및 틴트 제품을 사용한 모델을 대동한 경우

㉕ 미완성 사항
- 4과제 속눈썹 익스텐션 작업 시 최소 40가닥 이상의 속눈썹(J컬)을 연장하지 않은 경우
- 4과제 미디어 수염 작업 시 콧수염과 턱수염 중 어느 하나라도 작업하지 않은 경우

👉 공지

+ 타월류의 경우는 비슷한 크기이면 가능합니다.
+ 아트용 컬러, 물통, 아트용 브러시, 바구니(흰색), 더마왁스, 실러(메이크업 용), 홀더(마네킹) 및 수험자 지참준비물 중 기타 필요한 재료의 추가 지참은 가능합니다(송풍기, 부채, 등은 지참 및 사용 불가).
+ 공개문제 및 수험자 지참 준비물에 언급된 도구 및 재료 중 기타 실기시험에서 요구한 작업 내용에 영향을 주지 않는 범위 내에서 수험자가 메이크업 미용 작업에 필요하다고 생각되는 재료 및 도구 등은 (예 : 아이섀도우(크림, 펄 타입 등)류, 브러시류, 핀셋류 등)추가 지참할 수 있습니다.
+ 소독제를 제외한 주요 화장품을 덜어서 가져오시면 안 되며 정품을 사용해야 합니다.
+ 미용사(메이크업) 실기시험 공개문제[도면]의 헤어스타일(업스타일, 흰머리 표현 등 불가) 및 장신구(티아라, 비녀 등 지참 불가), 서클, 컬러렌즈(모델착용 불가), 헤어컬러링 상태 등은 채점 대상이 아니며 대동모델에게 착용 등이 불가합니다.

미용사 메이크업 실기
Make-up

CHAPTER 05 미용사(메이크업)국가기술자격 실기시험 사전준비

1. 신분증

◆ **국가자격검정 인정신분증 범위 조정 안내**

① 국가자격검정(한국산업인력공단 시행) 인정신분증 범위를 '21.3.15(월)부터 아래와 같이 조정함을 안내드립니다.

  ※ 다만, 국가전문자격 중 2021년 관세사 1차('21.3.20), 감정평가사 1차('21.4.24) 시험은 해당 시험원서 정기접수 시 공지된 신분증 기준을 적용합니다.

② 아울러 국가자격검정에 응시하는 수험자는 시험 시 아래의 인정신분증을 반드시 지참하여야 하며, 미지참 시 국가기술자격법령 등 관련 규정에 따라 시험에 응시할 수 없음을 안내드립니다.

	인정신분증	
모든 수험자 공통 적용	① 주민등록증(주민등록증발급신청확인서 포함) ② 운전면허증(경찰청에서 발행된 것) ③ 건설기계조종사면허증 ④ 여권 ⑤ 공무원증(장교·부사관·군무원신분증 포함) ⑥ 장애인등록증(복지카드)(주민등록번호가 표기된 것) ⑦ 국가유공자증 ⑧ 국가기술자격증 * 국가기술자격법에 의거 한국산업인력공단 등 10개 기관에서 발행된 것 ⑨ 동력수상레저기구 조종면허증(해양경찰청에서 발행된 것)	
해당 수험자 한정 적용	초·중·고등학생 및 만18세 이하인 자	① 초·중·고등학교 학생증(사진·생년월일·성명·학교장 직인이 표기·날인된 것) ② 국가자격검정용 신분확인증명서(별지1호 서식에 따라 학교장 확인·직인이 날인된 것) ③ 청소년증(청소년증발급신청확인서 포함) ④ 국가자격증(국가공인 및 민간자격증 불인정)
	미취학 아동	① 한국산업인력공단 발행 "국가자격검정용 임시신분증"(별지2호 서식에 따라 공단 직인이 날인된 것) * 국가자격검정용 임시신분증 발급을 원하는 수험자는 별지3호 서식의 신청서를 작성하여 한국산업인력공단 지부(지사)로 사전제출(시험당일 발급불가) ② 국가자격증(국가공인 및 민간자격증 불인정)
	사병(군인)	① 국가자격검정용 신분확인증명서(별지1호 서식에 따라 소속부대장이 증명·날인한 것)
	외국인	① 외국인등록증 ② 외국국적동포국내거소신고증 ③ 영주증

신분증 인정기준

① 일체 훼손·변형*이 없는 원본 신분증인 경우만 유효·인정**
  * 사진 또는 외지(코팅지)와 내지가 탈착·분리 등의 변형이 있는 것, 훼손으로 사진·인적사항 등을 인식할 수 없는 것 등
  ** 신분증이 훼손된 경우 시험응시는 허용하나, 당해시험 유효처리 후 별도절차를 통해 사후 신분확인 실시
② 사진, 주민등록번호(최소 생년월일), 성명, 발급자(직인 등)가 모두 기재된 경우에 한하여 유효·인정
③ 상기 인정신분증에 포함되지 않는 증명서 등은 ①, ②항의 요건을 충족하더라도 신분증으로 인정하지 않음

신분증 인정이 불가능한 사항 예시

- 초·중·고등학교 학생증에 사진·성명·주민등록번호(생년월일)·학교장 직인 중 하나라도 표기·날인되지 않은 경우
- 건강보험증, 주민등록초본, 대학학생증, 사원증, 민간자격증, 신용카드, 운전경력증명서 등
- 통신사에서 제공하는 모바일 운전면허 확인 서비스

2. 수험자

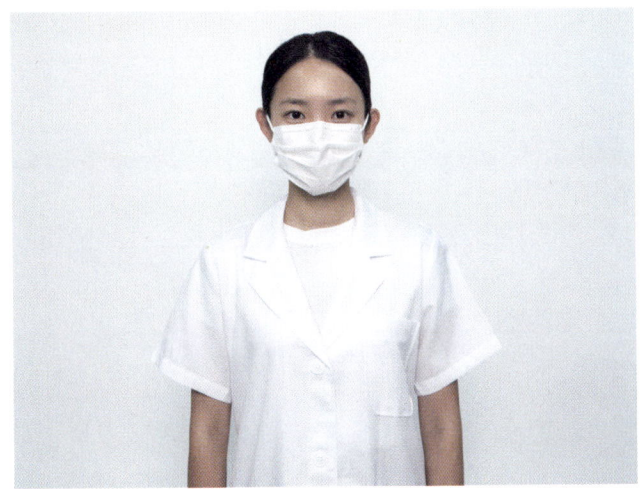

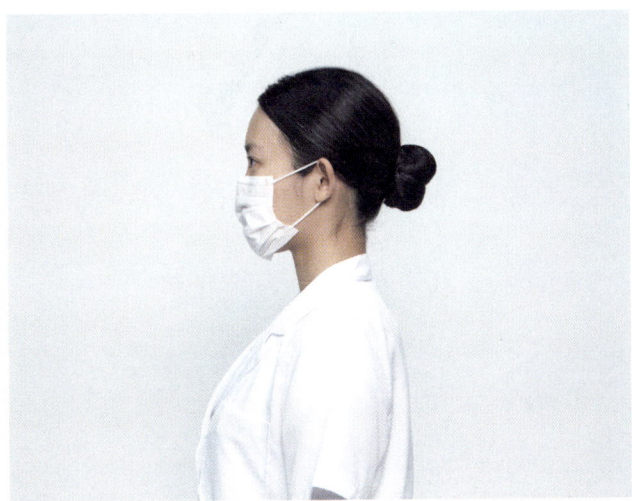

- 수험자는 지정된 시간에 시험장에 입실할 것
- 수험표 및 신분증을 지참할 것
- 상의 : 반팔 또는 긴팔의 흰색 위생복 착용하여 위생복 밖으로 옷이 보이지 않도록 함(일회용 가운을 제외)
- 하의 : 바지 및 신발의 색상과 장식 등 무관하지만 수험자의 복장이 바르지 않으면 감점이 될 수 있으므로 되도록 단정하게 할 것
- 수험자는 문신, 헤나, 네일 컬러링 등 눈에 보이는 표식이 없어야 함
- 귀걸이, 시계, 반지 등의 액세서리 착용불가
- 안경 및 투명렌즈를 제외한 컬러렌즈, 서클렌즈 착용불가
- 수험자의 머리카락은 머리끈, 머리망, 머리핀 등으로 묶거나 고정하여야 함 (단, 묶이지 않는 짧은 길이일 경우 제외)
- 수험자는 스톱워치, 핸드폰, 송풍기, 부채 등은 지참 및 사용불가

3. 모델

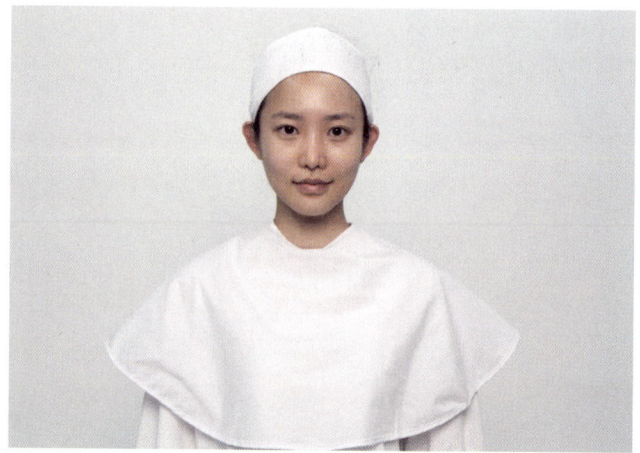

- 만 14세 이상~만 55세 이하 반드시 신분증을 지참하여야 함
- 모든 수험자는 함께 대동한 모델에 작업을 해야 하고, 모델을 대동하지 않을 경우 과제에 응시불가
- 눈썹, 입술, 아이라인에 반영구 메이크업이 되어있지 않아야 함
- 틴트, 눈썹염색 등의 사전 메이크업이 되어 있지 않아야 함
- 상의 : 단정해 보이도록 무늬가 없는 흰색으로 입고 어깨보를 착용할 것
- 하의 : 바지 및 신발의 색상과 장식 등 무관하지만 복장이 바르지 않으면 감점이 될 수 있으므로 되도록 단정하게 할 것
- 문신, 헤나, 네일 컬러링 등 눈에 보이는 표식이 없어야 함
- 귀걸이, 시계, 반지 등의 액세서리 착용불가
- 투명렌즈를 제외한 컬러렌즈, 써클렌즈 착용불가

- 머리카락은 머리끈, 머리망, 머리핀 등으로 묶어 헤어터번으로 고정하여야 함 (단, 묶이지 않는 짧은 길이일 경우 헤어터번으로만 고정)
- 헤어컬러가 눈에 띄거나 탈색일 경우 넓은 헤어터번으로 고정하여야 함

💧 TIP – 메이크업 실기시험에서는 모델 섭외가 중요 포인트!

1. 시험을 준비하면서 미리 모델을 섭외하여 시험모델에게 직접 연습을 해보고 대동하는 것을 추천합니다.
2. 모델을 섭외할 때는 가급적 단정한 머리카락 컬러를 가지고 있는 모델을 추천합니다.
3. 1, 2, 3 과제 중 눈썹을 커버하고 각각의 다양한 눈썹 형태를 표현해야 하므로 가급적 눈썹 숱이 얇고 적은 모델을 추천합니다.
4. 미작을 방지하기 위해서는 모든 과제의 피부메이크업 시간을 줄이는 것이 가장 효과적이므로 가급적 결점이 없는 피부가 좋은 모델을 추천합니다.

미용사 메이크업 실기

Make-up

CHAPTER 06 미용사(메이크업)국가기술자격 실기시험 재료목록

일련번호	항목	규격	비고	도구사진
1	모델		모델기준참고	
2	위생가운	긴팔 또는 반팔	시술자용 (일회용 제외)	
3	어깨보	메이크업용	모델용	
4	터번	메이크업용	모델용	
5	흰색타월	40x80cm 내외	작업대 세팅용, 세안용	
6	위생봉투	투명	쓰레기 처리용, 고정용 테이프 포함	

일련번호	항목	규격	비고	도구사진
7	소독제	엑싱 또는 젤	도구·피부소독용	
8	탈지면(미용솜)	필요량	미용용	
9	탈지면용기		뚜껑이 있는 용기	
10	면봉	필요량	미용용	
11	미용티슈	필요량	미용용	
12	눈썹칼	눈썹정리용	메이크업용, 미사용품	
13	족집게		눈썹관리용	
14	속눈썹가위		눈썹관리용	
15	뷰러		메이크업용	

일련번호	항목	규격	비고	도구사진
16	메이크업팔레트 (플레이트판)		믹싱용 (파운데이션 및 아이섀도우 등)	
17	스파출라		메이크업용	
18	스펀지퍼프	필요량	메이크업용, 미사용품	
19	분첩		메이크업용, 미사용품	
20	브러시세트		메이크업용	
21	아이섀도우 팔레트	단품 제품 지참가능	메이크업용	
22	립팔레트	단품 제품 지참 가능	메이크업용	
23	메이크업 베이스		메이크업용	
24	페이스 파우더		메이크업용	

일련번호	항목	규격	비고	도구사진
25	파운데이션	리퀴드, 크림, 스틱 제형 등 (에어졸 제품 불가)	하이라이트, 섀도우, 베이스컬러 용	
26	아이브로펜슬		메이크업용	
27	아이라이너	브라운색, 검정색	제품타입은 무관	
28	마스카라		메이크업용	
29	인조속눈썹(명칭이 기재되어 있지 않아야 함)	필요량	메이크업용	
30	속눈썹 접착제	공인인증기관으로부터 자가번호 부여 받은 제품	메이크업용	
31	마네킹(5~6mm 인조속눈썹이 50가닥 이상 부착된 상태)	얼굴단면용	속눈썹관리 및 수염관리용(홀더 추가 지참 가능)	

일련번호	항목	규격	비고	도구사진
32	글루판		속눈썹 관리용	
33	속눈썹판		속눈썹 관리용	
34	속눈썹(J컬)	필요량	J컬 타입(8, 9, 10, 11, 12mm), 두께 0.15~0.2mm	
35	핀셋	2개	속눈썹 관리용	
36	아이패치	필요량	흰색 테이프 불가	
37	우드 스파출라	필요량	속눈썹 관리용, 미사용품	
38	전처리제	1개	속눈썹 관리용	
39	속눈썹 빗	1개	속눈썹 관리용	
40	글루	1개	공인인증 기관으로부터 자가번호 부여받은 제품	
41	가제수건	물에 젖은 상태	수염관리용(거즈, 물티슈 대용 가능)	

일련번호	항목	규격	비고	도구사진
42	수염(가공된 상태)	필요량	검정색(생사 또는 인조사)	
43	수염접착제 (스프리트 검 또는 프로세이드)	1개	수염 관리용	
44	고정스프레이 (일반 스프레이)	1개	수염 관리용	
45	가위	1개	수염 관리용	
46	핀셋	1개	수염 관리용	
47	빗(꼬리빗 또는 마이크로 브러시)	1개	수염 관리용	
48	클렌징 제품 및 도구	필요량	메이크업 제거용, 클렌징 티슈, 해면, 습포 등	

* 제품협찬

https://www.mustaev.co.kr/

1. 작업대 세팅 1, 2, 3과제

2. 작업대 세팅 4과제 - 속눈썹 익스텐션

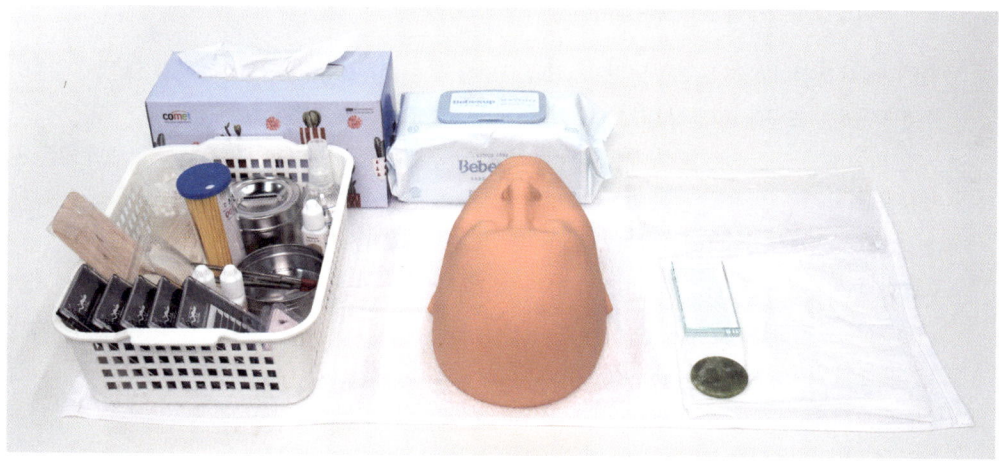

3. 작업대 세팅 4과제 - 미디어 수염

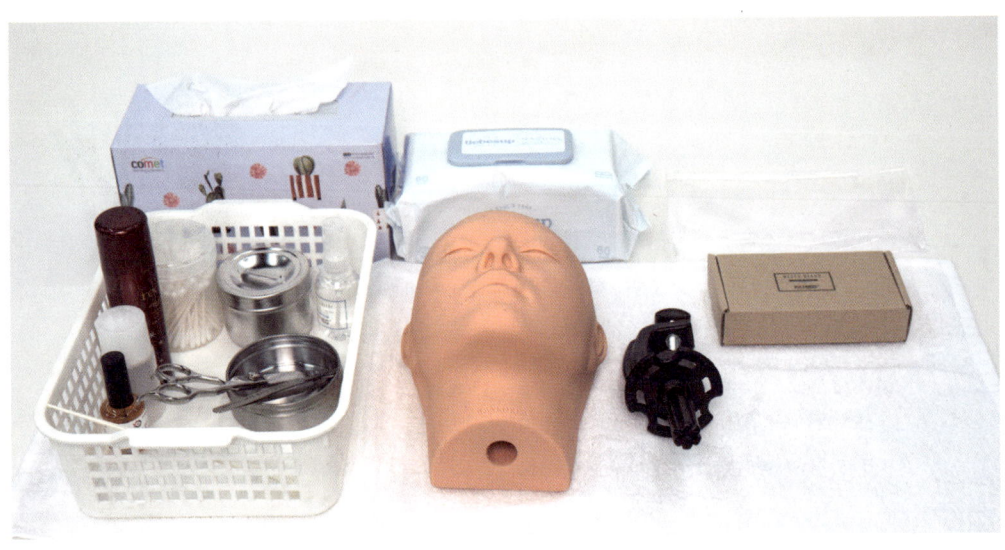

🔵 **TIP - 메이크업 실기시험에서는 작업대 세팅이 중요 포인트!**

1. 작업대에서 동선이 꼬여 도구를 떨어뜨리거나 도구를 찾는 시간을 낭비하지 않기 위해 오른손, 왼손이 주로 사용하는 도구에 따라 작업대를 세팅하는 것을 추천합니다.
2. 시험 중에 도구 또는 재료를 꺼내면 감점 처리되므로 시험 시작 전 준비시간에 해당 과제의 모든 준비물을 빠짐없이 세팅하는 것을 추천합니다.
3. 위생봉투는 곧바로 버리기 쉽게 수험자의 바로 앞쪽에 부착하는 것을 추천합니다.
4. 재료에 표식을 할 경우 감점 처리되므로 이름, 소속 등을 나타내는 흔적은 시험 전 미리 테이핑을 하여 가리는 것을 추천합니다.
5. 인조속눈썹 덮개에 과제의 명칭이 기재되어있으면 감점 처리될 수 있으므로 덮개를 열어 케이스만 세팅합니다.
6. 위생을 위해 흰색 타월 위 오른쪽에 미용티슈를 여러 장 깔고 아이섀도우 또는 파우더의 가루를 털어내거나 양 조절용으로 사용한 후 한 장씩 버리는 것을 추천합니다.
7. 작업 공간이 다소 협소할 수 있고 전 과제를 한 명의 모델에게 수행하게 되므로 미리 모델의 피부톤에 맞는 메이크업베이스와 파운데이션 컬러를 맞추어 필요한 제품만 준비하는 것을 추천합니다.
8. 각각의 과제를 수행할 때 정확한 발색과 위생을 위해 브러시, 퍼프 등은 컬러별로 구분해서 사용해야 하므로 부족하지 않게 준비하는 것을 추천합니다.
9. 각각의 과제를 수행하는 과정에도 작업대의 위생상태를 신경쓰고 정리정돈 하는 것을 추천합니다.

4. 클렌징재료 세팅

💧 **TIP - 메이크업 실기시험에서는 작업대 세팅이 중요 포인트!**

1. 작업대가 다소 협소할 수 있으므로 모델의 클렌징 제품은 작업대 아래 또는 모델 자리 아래에 두는 것을 추천합니다.
2. 1과제와 2과제는 각각의 과제가 끝난 뒤 클렌징 및 정리하는 쉬는 시간이 주어지지만 다소 촉박하고 모델들이 몰릴 수 있기 때문에 화장실에서 세안 등은 불가능하므로 클렌징티슈 등으로 간단하게 클렌징할 수 있게 준비하는 것을 추천합니다.
3. 클렌징 후 스킨케어 제품을 바를 때는 다음 과제의 원활한 피부메이크업을 위해 오일감이 있는 제품은 피하고 토너로 피부결을 정돈하는 정도로 마무리하거나 가볍게 수분감을 채워주는 제품까지만 추천합니다.
4. 3과제가 끝난 뒤에는 모델이 퇴장해야 하기 때문에 충분한 시간을 가지고 클랜징 및 물세안을 할 수 있으며 스킨케어 또한 유, 수분 제품을 사용해도 됩니다.
5. 3과제가 끝난 뒤에 수험자는 1, 2, 3과제 제품은 모두 정리하고 4과제 제품으로 작업대에 세팅하면 됩니다.

* 제품협찬

BELLE LANCO https://www.bellelanco.com

미용사 메이크업 실기

Make-up

CHAPTER 07 [1과제] 뷰티 메이크업

| 시간 | 40분 | 배점 | 30점 | 척도 | NS |

준비물

- 소독 및 위생도구 : 위생가운, 어깨보, 헤어터번, 타월, 스프레이형 소독제, 화장솜, 화장솜 용기, 면봉, 면봉용기, 미용티슈, 위생봉투, 물티슈
- 피부메이크업 제품 : 메이크업베이스, 리퀴드파운데이션, 크림파운데이션, 루즈파우더, 핑크파우더, 컨실러
- 색조메이크업 제품 : 아이섀도우팔레트, 립팔레트, 아이라이너, 마스카라, 아이메이크업펜슬, 립라이너펜슬, 인조속눈썹, 속눈썹 접착제, 볼터치, 립글로즈
- 기타도구 : 브러시세트, 브러시용기, 메이크업 믹싱팔레트, 눈썹칼, 눈썹가위, 철제도구용기, 파운데이션퍼프, 퍼프용기, 분첩, 뷰러, 족집게 등

심사기준

사전심사 : 3점	소독 : 3점	베이스 : 3점
눈썹 : 3점	눈 : 6점	볼터치 : 3점
입술 : 3점	완성도 : 6점	총 30점

1. 웨딩(로맨틱) 과제

자격종목	미용사(메이크업)	과제명	뷰티메이크업 웨딩(로맨틱)	시험시간	40분

1) 요구사항 (1과제)

+ 지참재료 및 도구를 사용하여 아래의 요구사항에 따라 뷰티메이크업 웨딩(로맨틱)을 시험시간 내에 완성하시오.

가. 과제를 수행하기 전 수험자의 손 및 도구류를 소독한 후 제시된 도면을 참고하여 웨딩(로맨틱) 메이크업 스타일을 연출하시오.

나. 모델의 피부톤에 적합한 메이크업베이스를 선택하여 얇고 고르게 펴 바르시오.

다. 모델의 피부보다 한 톤 밝게 표현하시오.

라. 섀딩과 하이라이트 후 파우더로 가볍게 마무리하시오.

마. 모델의 눈썹 모양에 맞추어 흑갈색으로 그리되 눈썹 산이 각지지 않게 둥근 느낌으로 그리시오.

바. 아이섀도우는 펄이 가미된 연 핑크색으로 눈두덩이와 언더라인 전체에 바르시오.

사. 연보라색 아이섀도우로 도면과 같이 아이라인 주변을 짙게 바르고 눈두덩이 위로 자연스럽게 그라데이션 한 후 눈꼬리 언더라인 1/2~1/3까지 그라데이션하시오(단, 아이섀도우 연출 시 아이홀 라인의 경계가 생기지 않게 그라데이션하시오).

아. 아이라인은 아이라이너로 속눈썹 사이를 메워 그리고 눈매를 아름답게 교정하시오.

자. 뷰러를 이용하여 자연 속눈썹을 컬링하시오.

차. 인조 속눈썹은 모델 눈에 맞춰 붙이고 마스카라를 발라주시오.

카. 치크는 핑크색으로 애플 존 위치에 둥근 느낌으로 바르시오.

타. 립은 핑크색으로 입술 안쪽으로 짙게 바르고 바깥으로 그라데이션한 후 립글로스로 촉촉하게 마무리하시오.

스케치해보기

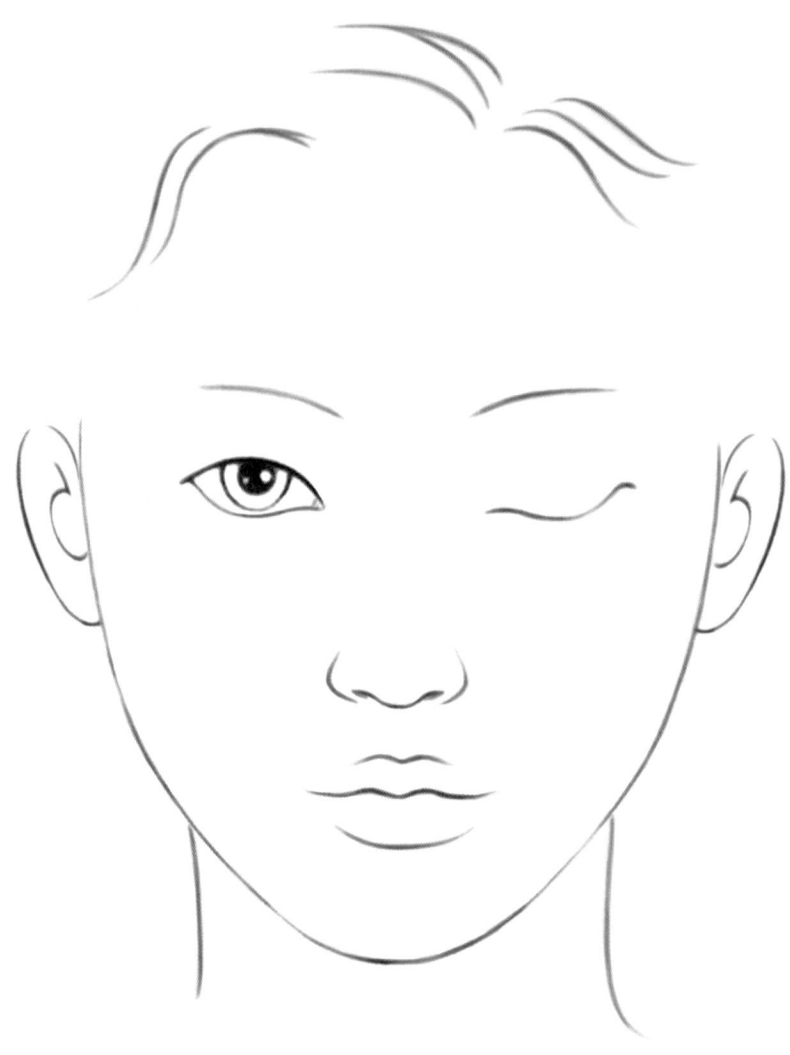

스케치해보기

🔵 TIP

메이크업 제품과 색연필을 이용하여 먼저 스케치해보면 이론적으로 과제를 이해하는 데 도움이 됩니다.

자격종목	미용사(메이크업)	과제명	뷰티메이크업 웨딩(로맨틱)	시험시간	40분

2) 수험자 유의사항

① 모델은 문신(눈썹, 아이라인, 입술 등), 속눈썹 연장 및 메이크업이 되어 있지 않은 상태여야 합니다.

② 스파츌라, 속눈썹 가위, 족집게, 눈썹칼 등의 도구류를 사용 전 소독제로 소독해야 합니다.

③ 메이크업 베이스, 파운데이션을 펴 바를 때 스펀지 퍼프 또는 브러시를 사용하시오.

④ 아이섀도우, 치크, 립 등의 표현 시 브러시 등 적합한 도구를 사용하시오.

⑤ 화장품은 요구사항에 지정된 제형 외에는 타입에 상관없이 자유롭게 사용하시오.

3) 메이크업 과정

가. 과제를 수행하기 전 수험자의 손 및 도구류를 소독한 후 제시된 도면을 참고하여 웨딩(로맨틱) 메이크업 스타일을 연출하시오.

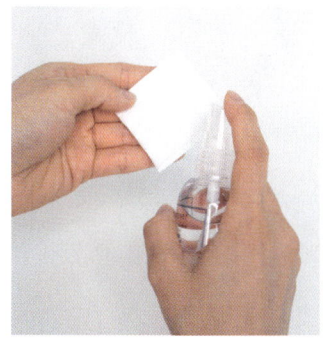 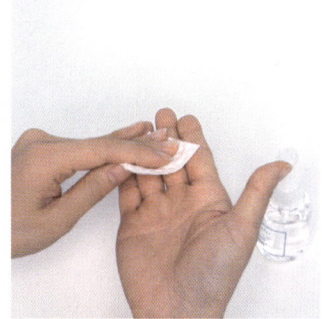 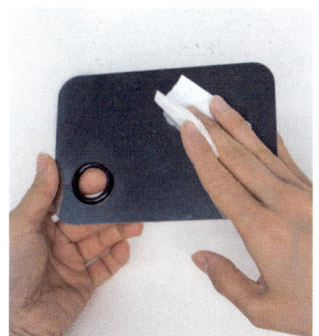

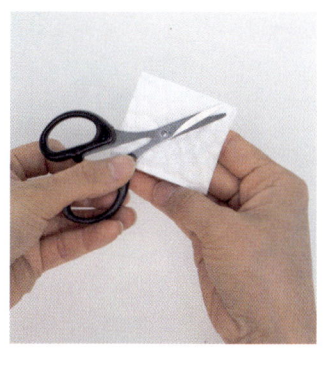 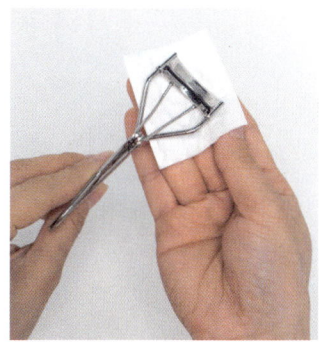

1. 소독제를 미용솜(탈지면)에 분사하여 손 및 철제도구 등 순서대로 소독한다. 이때, 소독제 분사방향이 모델, 제품 또는 다른 수험자를 향하면 감점이 될 수 있으니 바닥 또는 위생봉투를 향하도록 한다.

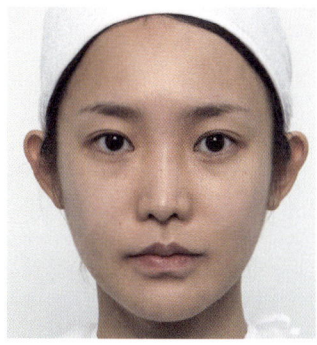

2. 모델은 문신(눈썹, 아이라인 등), 속눈썹 연장이 되어 있지 않아야 하며 뷰러 등을 미리 하지 않은 민낯으로 헤어터번과 어깨보를 착용한 상태여야 한다.

나. 모델의 피부톤에 적합한 메이크업베이스를 선택하여 얇고 고르게 펴 바르시오.

 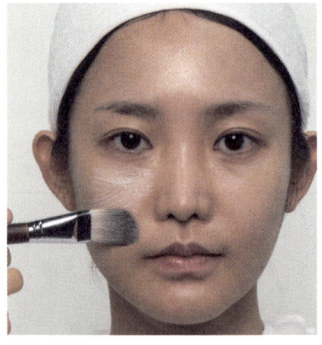 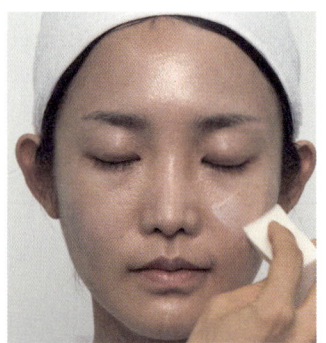

3. 믹싱팔레트에 메이크업베이스를 덜어서 브러시 또는 퍼프로 볼, 이마 등 넓은 부위부터 눈 주변, 코, 입 등 좁은 부위의 순으로 펴 바른다.

다. 모델의 피부보다 한 톤 밝게 표현하시오.

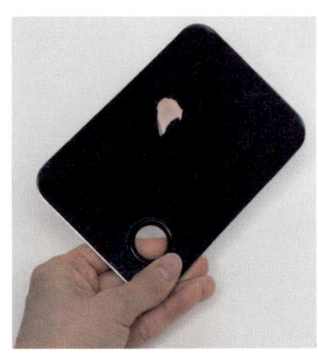 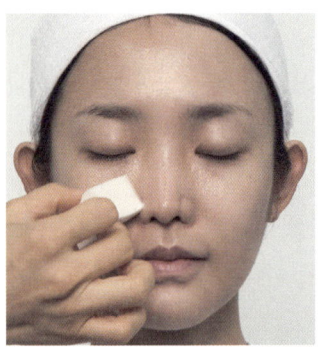

4. 모델의 피부보다 한 톤 밝은 컬러의 파운데이션을 믹싱팔레트에 덜어 스펀지를 이용하여 패팅과 슬라이딩기법으로 펴 바른다. 이때 파운데이션 제형은 리퀴드, 크림, 스틱 등 모든 타입이 가능하지만 빠르고 커버력 있게 표현하기 용이한 크림파운데이션을 추천한다.

라. 섀딩과 하이라이트 후 파우더로 가볍게 마무리하시오.

5. 믹싱팔레트에 하이라이트컬러와 섀딩컬러의 크림 파운데이션을 덜어 둔다.

6. 브러시로 섀딩컬러를 외곽섀딩, 노즈섀딩 순으로 도포한 뒤 스펀지로 밀착시켜 준다. 얼굴에 제품을 도포 할 때 손을 사용하게 되면 다시 그 손을 닦고 다음 과정을 진행해야 하는 번거로움이 있을 수 있으니 브러시 또는 퍼프 사용을 권장한다.

 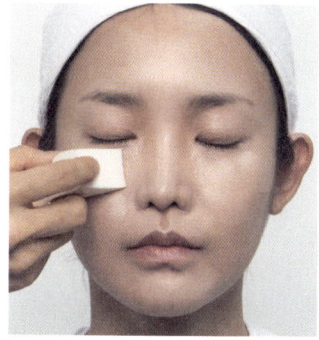

7. 브러시로 하이라이트컬러를 T존, 앞볼 등 순으로 도포하고 스펀지로 밀착이 될 수 있게 펴 발라준다.

8. 더 커버할 부분이 있으면 컨실러로 더 커버해주세요.

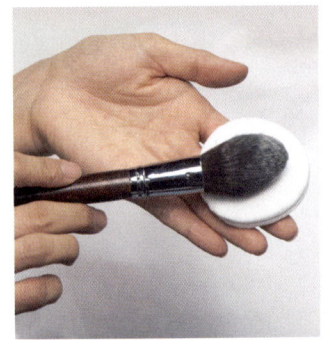  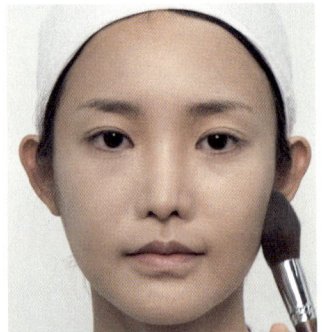

9. 파우더 브러시를 이용하여 소량의 파우더를 분첩에 덜어낸 후 양을 조절하고 얼굴 전체에 가볍게 발라준다.

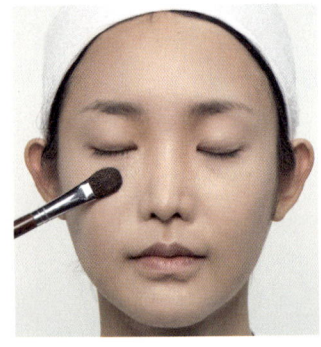

10. 파우더 타입의 섀딩과 하이라이트로 윤곽을 수정해준다.

마. 모델의 눈썹 모양에 맞추어 흑갈색으로 그리되 눈썹 산이 각지지 않게 둥근 느낌으로 그리시오.

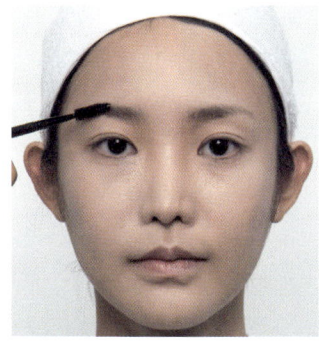 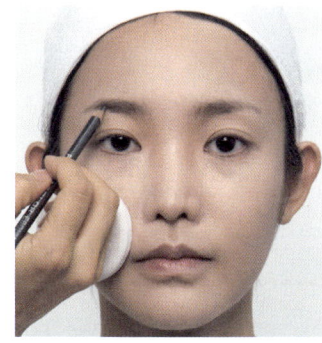 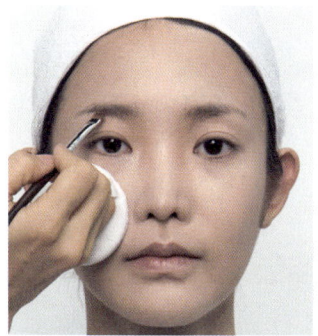

11. 스크류 브러시로 눈썹의 결을 정돈한 다음 아이브로 펜슬을 사용하여 눈썹 산이 각지지 않게 가이드를 그리고 흑갈색의 섀도우로 둥근 느낌이 되도록 마무리한다. 눈썹을 그리는 제품은 펜슬, 아이섀도우 등 모든 타입이 가능하지만 비교적 진하게 표현되지 않고 수정이 용이한 에보니펜슬로 먼저 가이드 하는 것을 추천한다.

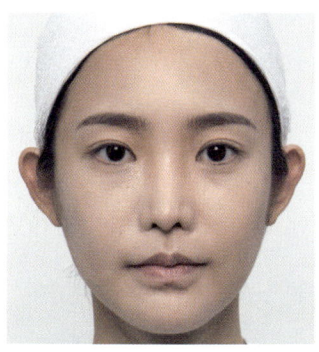 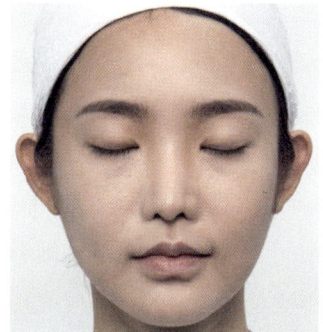

12. 눈썹완성

바. 아이섀도우는 펄이 가미된 연 핑크색으로 눈두덩이와 언더라인 전체에 바르시오.

 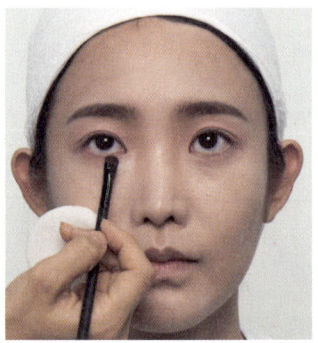

13. 펄감이 있는 연한 핑크색 섀도우를 눈두덩이 전체와 언더라인에 발라준다.

사. 연보라색 아이섀도우로 도면과 같이 아이라인 주변을 짙게 바르고 눈두덩이 위로 자연스럽게 그라데이션 한 후 눈꼬리 언더라인 1/2~1/3까지 그라데이션 하시오(단, 아이섀도우 연출 시 아이홀 라인의 경계가 생기지 않게 그라데이션 하시오).

14. 연보라색 섀도우를 아이라인 주변에 짙게 바르고 연핑크색 섀도우와 자연스럽게 그라데이션 해준다.

15. 언더라인에는 눈꼬리에서 1/2~1/3까지 그라데이션 해준다. 이때 연핑크색 섀도우와 연보라색 섀도우는 연하게 발색 될 수 있는 컬러이므로 심사 시 잘 보일 수 있게 짙게 바르는 것을 추천한다.

아. 아이라인은 아이라이너로 속눈썹 사이를 메워 그리고 눈매를 아름답게 교정하시오.

 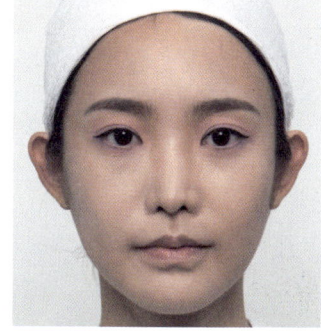 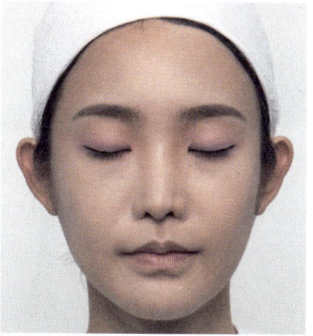

16. 모델의 눈두덩이를 들어올려 아이라인을 그려야 할 경우 손을 데지 마시고 면봉을 사용한다. 인조 속눈썹을 붙인 위로 아이라인이 보여야 하므로 미리 고려하여 두께감이 있게 블랙으로 그린다. 이때 아이라이너는 리퀴드, 붓펜, 젤 등 모든 타입이 가능하지만 비교적 빠르고 쉽게 표현할 수 있는 붓펜 타입을 추천한다.

자. 뷰러를 이용하여 자연 속눈썹을 컬링하시오.

17. 모델의 눈두덩이를 들어올려야 할 경우 손을 데지 마시고 면봉을 사용하며 뷰러는 사용 후 바로 소독제를 뿌린 미용솜(탈지면)으로 닦아 제자리에 둔다.

차. 인조 속눈썹은 모델 눈에 맞춰 붙이고 마스카라를 발라주시오.

 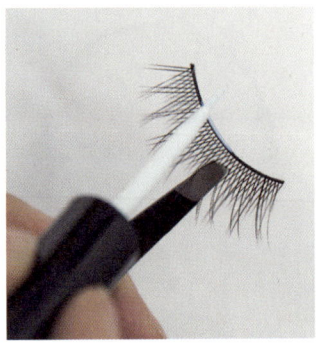

18. 인조 속눈썹 길이를 모델의 눈 길이에 맞추어 자른다. 인조 속눈썹 접착제는 튜브타입보다는 브러시가 부착되어있는 제품이 쉽고 편하게 사용할 수 있다.

19. 인조 속눈썹을 부착할 때는 눈 앞머리에 바짝 붙일 경우 눈을 찌르게 되므로 3mm 정도 뒤로 붙이고 접착제가 마르기 전에 모델이 눈을 뜨지 않게 한다.

20. 마스카라 또한 눈두덩이에 묻어날 수 있으므로 적당량 바른 후 마르기 전에 모델이 눈을 뜨지 않게 한다. 면봉은 여러 번 재사용 할 경우 위생점수에 감점이 될 수도 있으니 한번 사용한 후 바로 버린다.

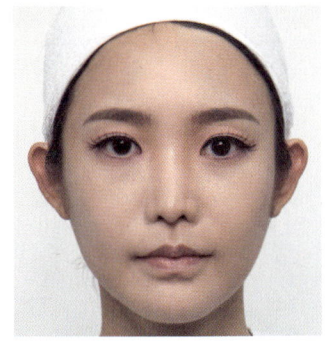 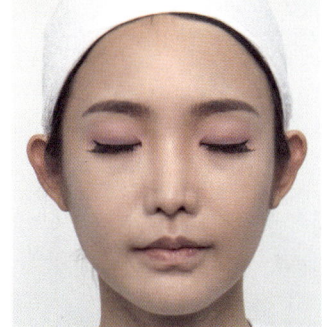

21. 아이메이크업 완성

카. 치크는 핑크색으로 애플 존 위치에 둥근 느낌으로 바르시오.

 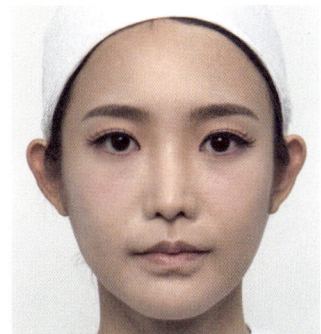

22. 핑크 컬러를 브러시에 묻히고 바로 볼에 바를 경우 얼룩질 수 있으므로 타월 위 미용티슈에서 양조절 및 발색을 확인하고 앞볼에 둥글게 바른다.

타. 립은 핑크색으로 입술 안쪽으로 짙게 바르고 바깥으로 그라데이션 한 후 립글로스로 촉촉하게 마무리하시오.

23. 핑크색 립제품과 투명 립글로스를 믹싱팔레트에 덜어 먼저 입술 안쪽에서부터 그라데이션하여 바르고 투명 립글로스를 덧발라준다. 심사 시 입술에 립글로스까지 연출되어 있어야 완성도 점수를 받을 수 있으므로 촉촉하게 보일 수 있게 양을 조절하여 마무리한다.

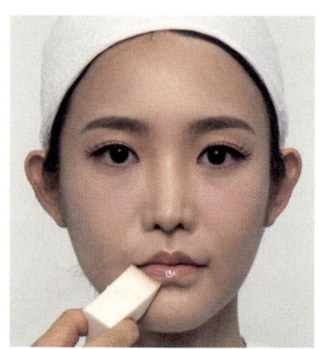

24. 입술라인이 비뚤어지게 연출되었다면 파운데이션 또는 컨실러를 소량 발라 정리해준다.

완성모습

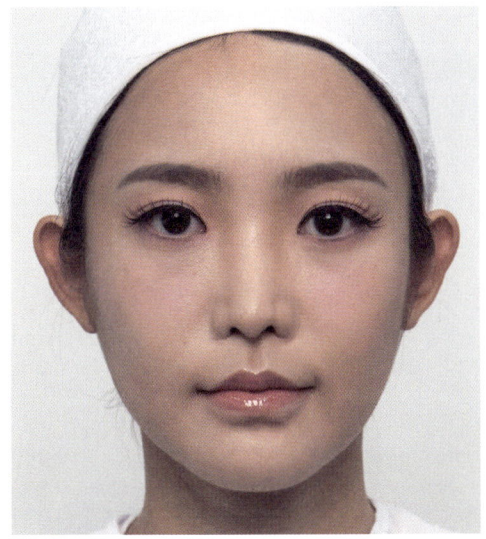
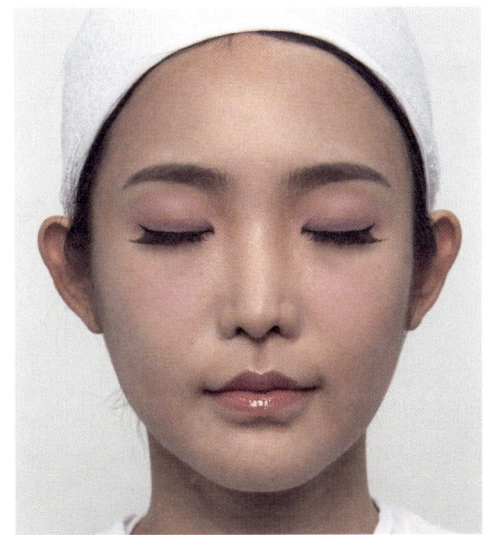

정면

측면

2. 웨딩(클래식) 과제

자격종목	미용사(메이크업)	과제명	뷰티메이크업 웨딩(클래식)	시험시간	40분

1) 요구사항(1과제)

+ 지참재료 및 도구를 사용하여 아래의 요구사항에 따라 뷰티메이크업 웨딩(클래식)을 시험시간 내에 완성하시오.

가. 과제를 수행하기 전 수험자의 손 및 도구류를 소독한 후 제시된 도면을 참고하여 웨딩(클래식) 메이크업 스타일을 연출하시오.

나. 모델의 피부톤에 적합한 메이크업베이스를 선택하여 얇고 고르게 펴 바르시오.

다. 모델의 피부톤에 맞춰 결점을 커버하여 깨끗하게 피부표현 하시오.

라. 섀딩과 하이라이트로 윤곽 수정 후 파우더로 매트하게 마무리하시오.

마. 모델의 눈썹 모양에 맞추어 흑갈색으로 그리되 눈썹 산이 약간 각지도록 그려주시오.

바. 피치색의 아이섀도우를 눈두덩이 전체에 펴 바른 후 브라운색으로 속눈썹 라인에 깊이감을 주고 눈두덩이 위로 펴 바르시오.

사. 눈앞머리의 위, 아래에는 골드 펄을 발라 화려함을 연출하시오.

아. 아이라인은 속눈썹 사이를 메꾸어 그리고 눈매를 아름답게 교정하시오.

자. 뷰러를 이용하여 자연 속눈썹을 컬링하시오.

차. 인조 속눈썹은 뒤쪽이 긴 스타일로 모델 눈에 맞춰 붙이고 마스카라를 발라주시오.

카. 치크는 피치 색으로 광대뼈 바깥에서 안쪽으로 블렌딩하시오.

타. 립컬러는 베이지 핑크색으로 바르고 입술 라인을 선명하게 표현하시오.

스케치해보기

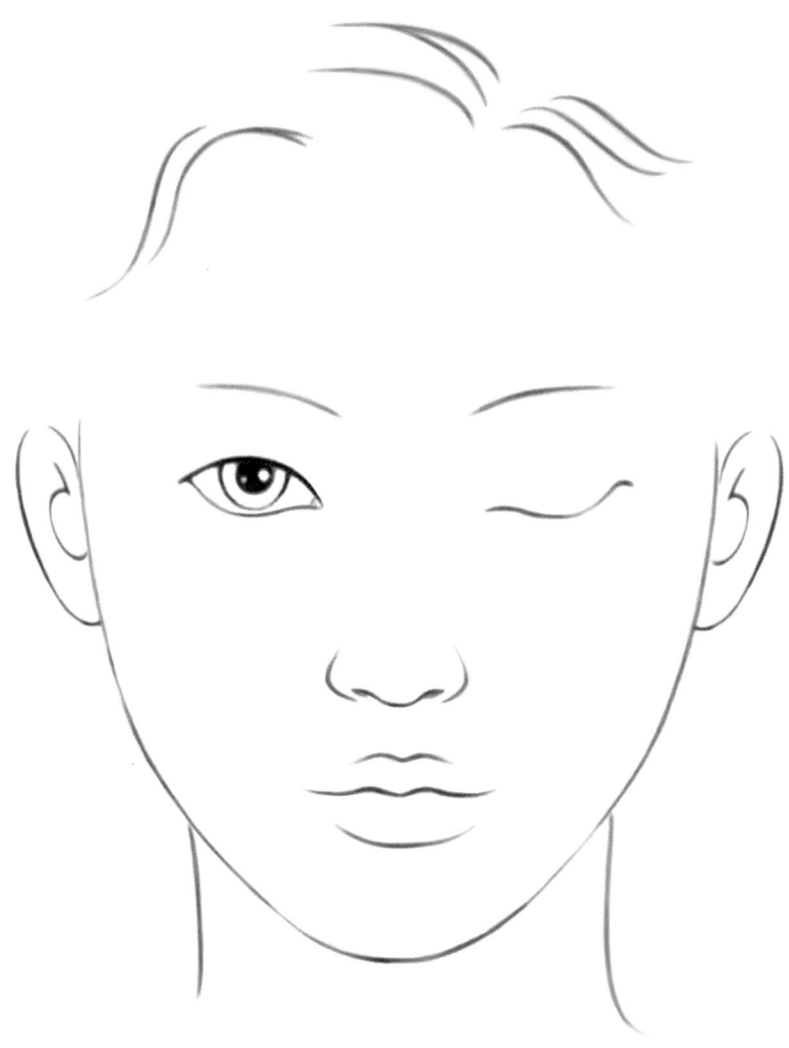

스케치해보기

🔵 TIP

메이크업 제품과 색연필을 이용하여 먼저 스케치해보면 이론적으로 과제를 이해하는 데 도움이 됩니다.

자격종목	미용사(메이크업)	과제명	뷰티메이크업 웨딩(클래식)

2) 수험자 유의사항

① 모델은 문신(눈썹, 아이라인, 입술 등), 속눈썹 연장 및 메이크업이 되어 있지 않은 상태여야 합니다.

② 스파출라, 속눈썹 가위, 족집게, 눈썹칼 등의 도구류를 사용 전 소독제로 소독해야 합니다.

③ 메이크업 베이스, 파운데이션을 펴 바를 때 스펀지 퍼프 또는 브러시를 사용하시오.

④ 아이섀도우, 치크, 립 등의 표현 시 브러시 등 적합한 도구를 사용하시오.

⑤ 화장품은 요구사항에 지정된 제형 외에는 타입에 상관없이 자유롭게 사용하시오.

3) 메이크업 과정

가. 과제를 수행하기 전 수험자의 손 및 도구류를 소독한 후 제시된 도면을 참고하여 웨딩(클래식) 메이크업 스타일을 연출하시오.

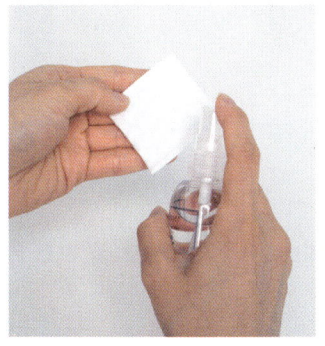
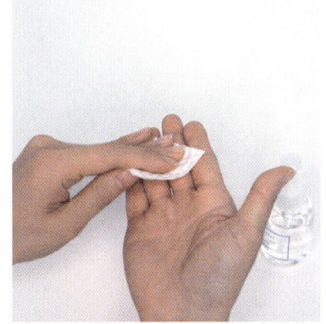
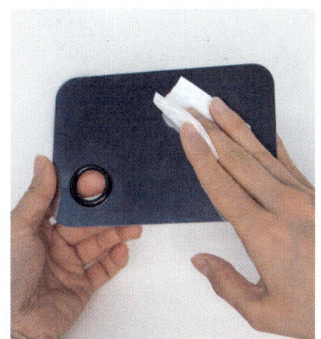
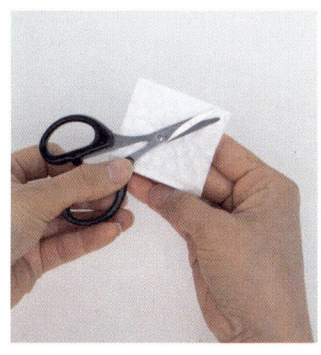
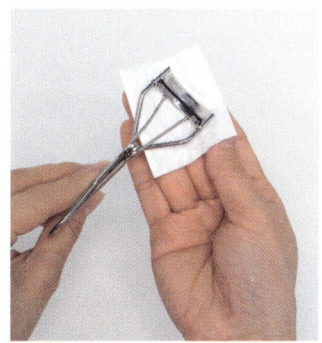

1. 소독제를 미용솜(탈지면)에 분사하여 손 및 철제도구 등 순서대로 소독한다. 이때, 소독제 분사방향이 모델, 제품 또는 다른 수험자를 향하면 감점이 될 수 있으니 바닥 또는 위생봉투를 향하도록 한다.

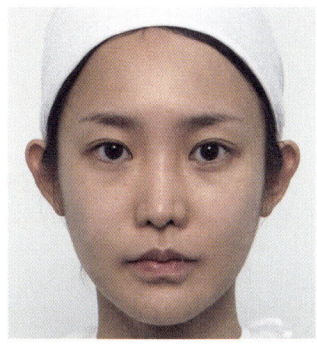

2. 모델은 문신(눈썹, 아이라인 등), 속눈썹 연장이 되어 있지 않아야 하며 뷰러 등을 미리 하지 않은 민낯으로 헤어터번과 어깨보를 착용한 상태여야 한다.

나. 모델의 피부톤에 적합한 메이크업베이스를 선택하여 얇고 고르게 펴 바르시오.

 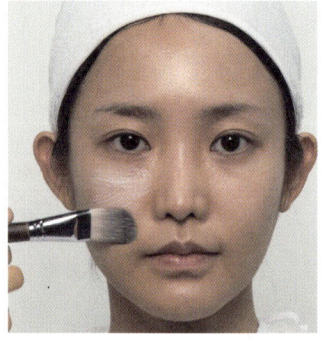 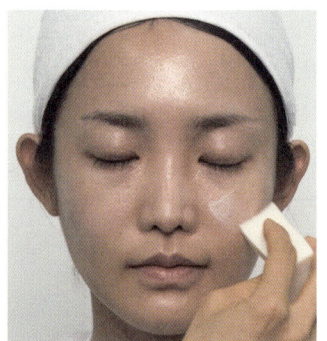

3. 믹싱팔레트에 메이크업베이스를 덜어서 브러시 또는 퍼프로 볼, 이마 등 넓은 부위부터 눈 주변, 코, 입 등 좁은 부위의 순으로 펴 바른다.

다. 모델의 피부톤에 맞춰 결점을 커버하여 깨끗하게 피부표현 하시오.

 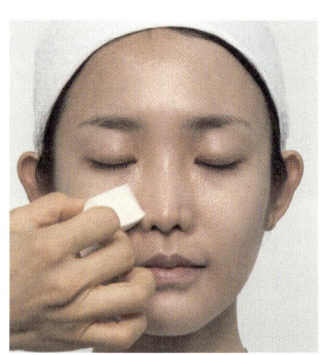

4. 모델의 피부톤에 맞는 파운데이션을 믹싱팔레트에 덜어 스펀지를 이용하여 패팅과 슬라이딩기법으로 펴 바른다. 이때 파운데이션 제형은 리퀴드, 크림, 스틱 등 모든 타입이 가능하지만 빠르고 커버력 있게 표현하기 용이한 크림파운데이션을 추천한다.

<u>5</u>. 더 커버할 부분이 있으면 컨실러로 더 커버해준다.

라. 섀딩과 하이라이트로 윤곽 수정 후 파우더로 매트하게 마무리하시오.

<u>6</u>. 믹싱팔레트에 하이라이트컬러와 섀딩컬러의 크림 파운데이션을 덜어 둔다.

 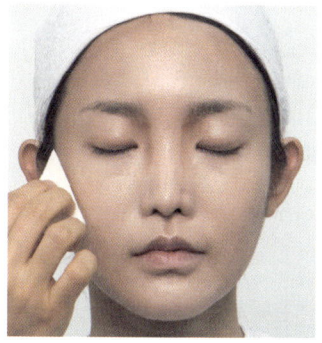

<u>7</u>. 브러시로 섀딩컬러를 외곽섀딩, 노즈섀딩 순으로 도포한 뒤 스펀지로 밀착시켜 준다. 얼굴에 제품을 도포할 때 손을 사용하게 되면 다시 그 손을 닦고 다음 과정을 진행해야 하는 번거로움이 있을 수 있으니 브러시 또는 퍼프 사용을 권장한다.

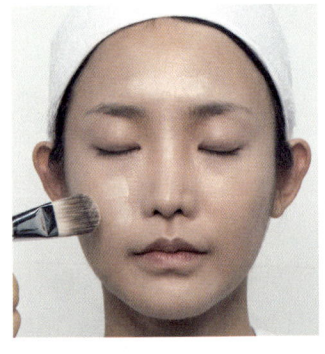 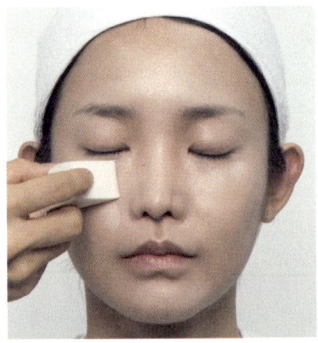

8. 브러시로 하이라이트컬러를 T존, 앞볼 등 순으로 도포하고 스펀지로 밀착이 될 수 있게 펴 발라준다.

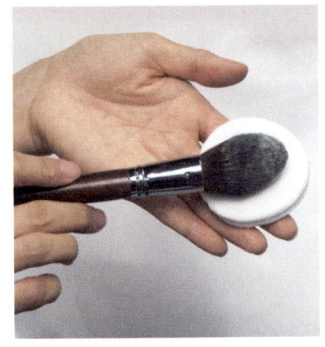  

9. 파우더 브러시를 이용하여 파우더를 분첩에 적당량 덜어내어 얼굴 전체에 꼼꼼히 바른 후 매트한 피부표현을 위해 분첩으로 한 번 더 두드리듯 눌러주어 마무리한다.

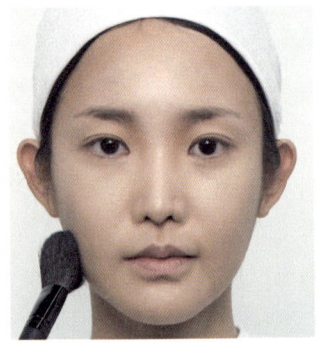 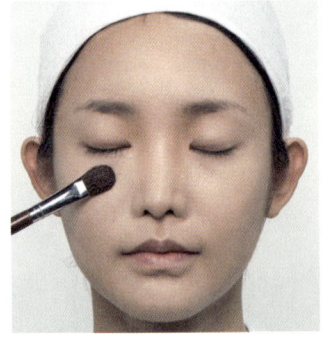

10. 파우더 타입의 섀딩과 하이라이트로 윤곽을 수정해준다.

마. 모델의 눈썹 모양에 맞추어 흑갈색으로 그리되 눈썹 산이 약간 각지도록 그려주시오.

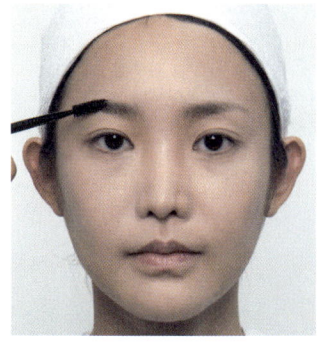  

11. 스크류 브러시로 눈썹의 결을 정돈한 다음 브로 펜슬을 사용하여 눈썹 산을 각지게 가이드하고 흑갈색의 섀도우로 각진 눈썹 형태가 되도록 마무리한다. 눈썹을 그리는 제품은 펜슬, 아이섀도우 등 모든 타입이 가능하지만 비교적 진하게 표현되지 않고 수정이 용이한 에보니펜슬로 가이드를 그리는 것을 추천한다.

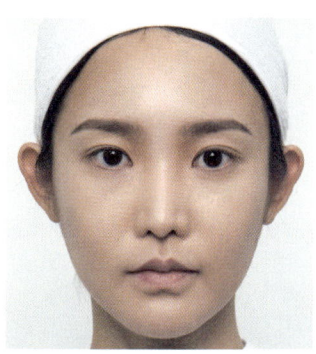 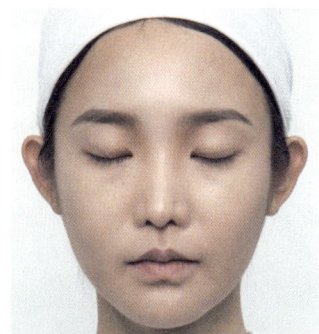

12. 눈썹완성

바. 피치색의 아이섀도우를 눈두덩이 전체에 펴 바른 후 브라운색으로 속눈썹 라인에 깊이감을 주고 눈두덩이 위로 펴 바르시오.

<u>13</u>. 피치색 섀도우를 눈두덩이 전체와 언더라인에 발라준다.

<u>14</u>. 브라운색 섀도우를 아이라인 따라 꼼꼼히 발라주고 피치색과 경계가 생기지 않게 그라데이션 해준다.

사. 눈앞머리의 위, 아래에는 골드 펄을 발라 화려함을 연출하시오.

15. 골드펄은 눈 앞머리 코너부분에만 발려야하므로 길이가 짧고 작은 브러시를 이용하여 심사 시 잘 보일 수 있게 또렷한 발색에 신경 쓰고 펄가루가 날리지 않게 바른다. 아이섀도우 표현 시 브러시를 툭툭 털면서 바르게 되면 가루가 날려 눈 아래에 지저분하게 연출이 되고 다시 그 부분을 정리하려면 불필요한 시간이 소비되므로 조심스럽게 얹어주듯 바른다.

아. 아이라인은 속눈썹 사이를 메워 그리고 눈매를 아름답게 교정하시오.

16. 모델의 눈두덩이를 들어올려 그려야 할 경우 손을 데지 마시고 면봉을 사용한다. 인조 속눈썹을 붙인 위로 아이라인이 보여야 하므로 미리 고려하여 두께감이 있게 블랙으로 그린다. 이때 아이라이너는 리퀴드, 붓펜, 젤 등 모든 타입이 가능하지만 비교적 빠르고 쉽게 표현할 수 있는 붓펜 타입을 추천한다.

자. 뷰러를 이용하여 자연 속눈썹을 컬링하시오.

17. 모델의 눈두덩이를 들어올려야 할 경우 손을 데지 마시고 면봉을 사용하며 뷰러는 사용 후 바로 소독제를 뿌린 미용솜(탈지면)으로 닦아 제자리에 둔다.

차. 인조 속눈썹은 뒤쪽이 긴 스타일로 모델 눈에 맞춰 붙이고 마스카라를 발라주시오.

18. 인조속눈썹은 모델의 눈 길이에 맞추어 뒤쪽이 길어 보이는 형태로 자른다. 인조속눈썹 접착제는 튜브타입보다는 브러시가 부착되어있는 제품이 쉽고 편하게 사용할 수 있다.

19. 인조속눈썹을 부착할 때는 눈 앞머리에 바짝 붙일 경우 눈을 찌르게 되므로 3mm 정도 뒤로 붙이고 접착제가 마르기 전에 모델이 눈을 뜨지 않게 한다.

20. 마스카라 또한 눈두덩이에 묻어날 수 있으므로 적당량 바른 후 마르기 전에 모델이 눈을 뜨지 않게 한다. 면봉은 여러 번 재사용 할 경우 위생점수에 감점이 될 수도 있으니 한번 사용한 후 바로 버린다.

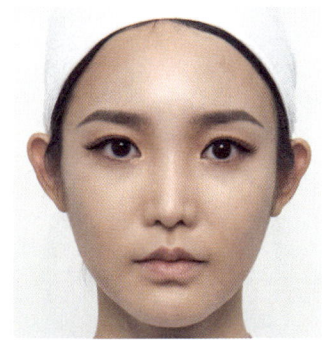 

21. **아이메이크업 완성**

카. 치크는 피치 색으로 광대뼈 바깥에서 안쪽으로 블렌딩하시오.

22. 피치색을 브러시에 묻히고 바로 볼에 바를 경우 얼룩질 수 있으므로 타월 위 미용티슈에서 양조절 및 발색을 확인하고 광대뼈 바깥쪽에서 볼쪽으로 그라데이션한다.

타. 립컬러는 베이지 핑크색으로 바르고 입술 라인을 선명하게 표현하시오.

23. 선명한 입술라인을 표현하기 위해 컨실러로 입술 라인을 정리한다. 이때 쉽고 빠른 진행을 위해 펜슬타입의 컨실러를 추천한다.

24. 베이지핑크색 립제품이 없다면 베이지색과 핑크색의 립제품을 믹싱팔레트에 덜어 믹스하여 바른다. 입술 산부터 시작해서 구각 등 입술 라인을 따라서 선명하게 연출되어야 심사 시 좋은 점수를 받을 수 있기 때문에 선명한 라인표현에 주의한다.

완성모습

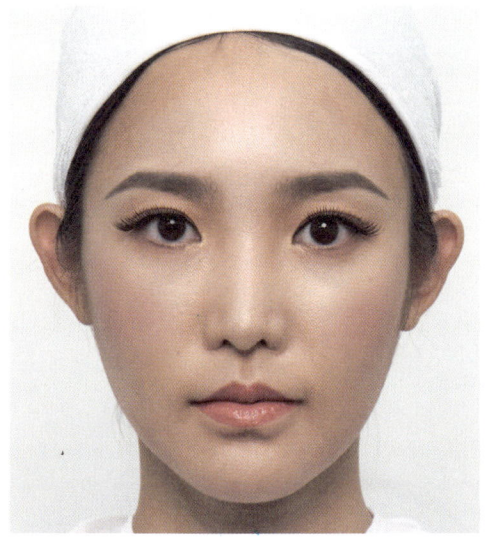

정면

측면

3. 한복 과제

자격종목	미용사(메이크업)	과제명	뷰티메이크업 한복	시험시간	40분

1) 요구사항 (1과제)

+ 지참재료 및 도구를 사용하여 아래의 요구사항에 따라 뷰티메이크업(한복)을 시험시간 내에 완성하시오.

가. 과제를 수행하기 전 수험자의 손 및 도구류를 소독한 후 제시된 도면을 참고하여 한복 메이크업 스타일을 연출하시오.

나. 모델의 피부톤에 적합한 메이크업베이스를 선택하여 얇고 고르게 펴 바르시오.

다. 모델의 피부톤에 맞춰 결점을 커버하여 깨끗하게 피부표현 하시오.

라. 섀딩과 하이라이트 후 파우더로 가볍게 마무리하시오.

마. 모델의 눈썹 모양에 맞추어 자연스러운 브라운 컬러의 눈썹을 표현하시오.

바. 아이섀도우의 표현은 펄이 약간 가미된 피치색으로 눈두덩이와 언더라인 전체에 바르시오.

사. 브라운색 아이섀도우로 도면과 같이 아이라인 주변을 짙게 바르고 눈두덩이 위로 자연스럽게 그라데이션 한 후 눈꼬리 언더라인 1/2~1/3까지 그라데이션 하시오(단, 아이섀도우 연출 시 아이홀 라인의 경계가 생기지 않게 그라데이션 하시오).

아. 언더라인에는 밝은 크림색 섀도우를 덧발라 애굣살이 돋보이도록 하시오.

자. 아이라인은 속눈썹 사이를 메꾸어 그리고 눈매를 아름답게 교정하시오.

차. 뷰러를 이용하여 자연 속눈썹을 컬링 하시오.

카. 인조 속눈썹은 모델 눈에 맞춰 붙이고 마스카라를 발라주시오.

타. 치크는 오렌지 계열로 광대뼈 위쪽에 안에서 바깥으로 블렌딩해서 바르시오.

파. 립컬러는 오렌지레드색으로 바르고 입술라인을 선명하게 표현하시오.

스케치해보기

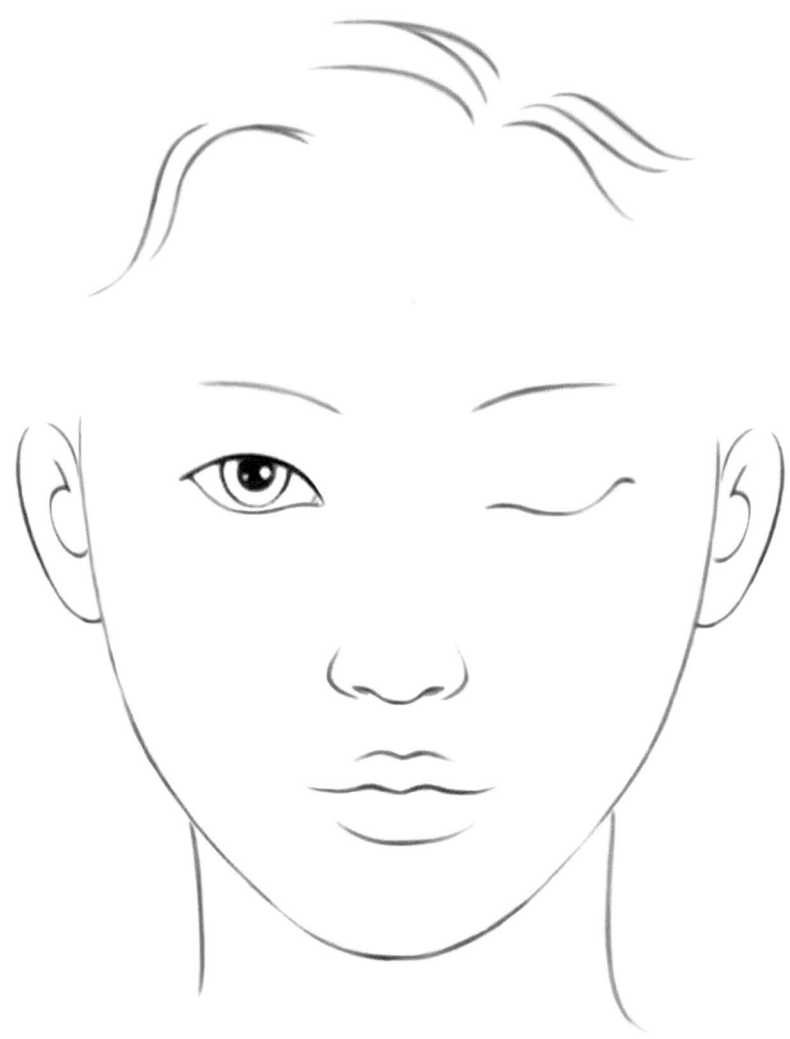

스케치해보기

🔵 TIP

메이크업 제품과 색연필을 이용하여 먼저 스케치해보면 이론적으로 과제를 이해하는 데 도움이 됩니다.

자격종목	미용사(메이크업)	과제명	뷰티메이크업 한복

2) 수험자 유의사항

① 모델은 문신(눈썹, 아이라인, 입술 등), 속눈썹 연장 및 메이크업이 되어 있지 않은 상태여야 합니다.

② 스파출라, 속눈썹 가위, 족집게, 눈썹칼 등의 도구류를 사용 전 소독제로 소독해야 합니다.

③ 메이크업 베이스, 파운데이션을 펴 바를 때 스펀지 퍼프 또는 브러시를 사용하시오.

④ 아이섀도우, 치크, 립 등의 표현 시 브러시 등 적합한 도구를 사용하시오.

⑤ 화장품은 요구사항에 지정된 제형 외에는 타입에 상관없이 자유롭게 사용하시오.

3) 메이크업 과정

가. 과제를 수행하기 전 수험자의 손 및 도구류를 소독한 후 제시된 도면을 참고하여 한복 메이크업 스타일을 연출하시오.

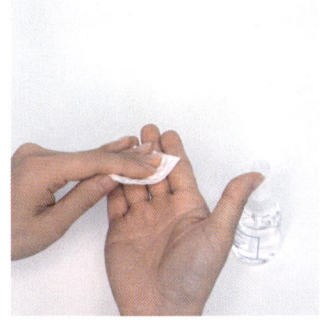
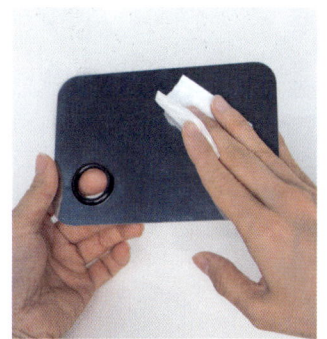
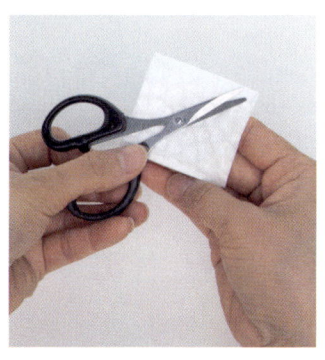

<u>1</u>. 소독제를 미용솜(탈지면)에 분사하여t 손 및 철제도구 등 순서대로 소독한다. 이때, 소독제 분사방향이 모델, 제품 또는 다른 수험자를 향하면 감점이 될 수 있으니 바닥 또는 위생봉투를 향하도록 한다.

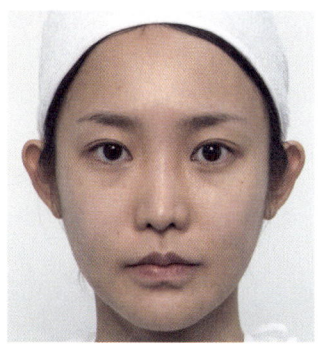

<u>2</u>. 모델은 문신(눈썹, 아이라인 등), 속눈썹 연장이 되어 있지 않아야 하며 뷰러 등을 미리 하지 않은 민낯으로 헤어터번과 어깨보를 착용한 상태여야 한다.

나. 모델의 피부톤에 적합한 메이크업베이스를 선택하여 얇고 고르게 펴 바르시오.

 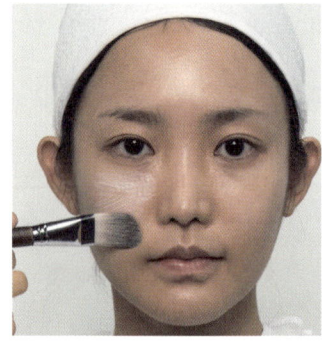 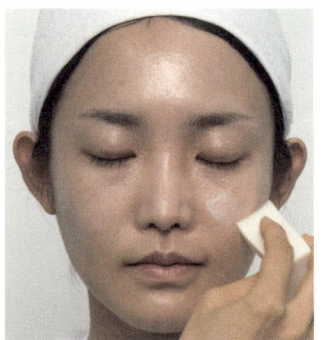

<u>3</u>. 믹싱팔레트에 메이크업베이스를 덜어 브러시 또는 퍼프로 볼, 이마 등 넓은 부위부터 눈주변, 코, 입 등 좁은 부위의 순으로 펴 바른다.

다. 모델의 피부톤에 맞춰 결점을 커버하여 깨끗하게 피부표현하시오.

 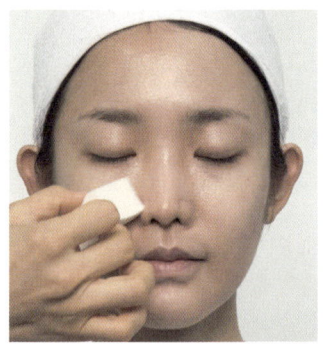 

<u>4</u>. 모델의 피부톤에 맞는 컬러의 파운데이션을 믹싱팔레트에 덜어 스펀지를 이용하여 패팅과 슬라이딩 기법으로 펴 바른다. 이때 파운데이션 제형은 리퀴드, 크림, 스틱 등 모든 타입이 가능하지만 빠르고 커버력 있게 표현하기 용이한 크림파운데이션을 추천한다. 더 커버할 부분이 있으면 컨실러로 커버해주세요.

라. 섀딩과 하이라이트 후 파우더로 가볍게 마무리하시오.

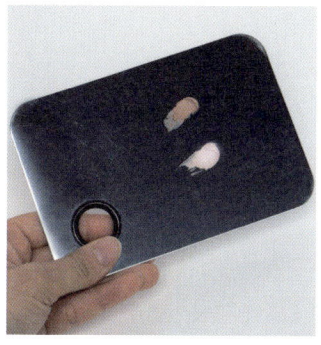

5. 믹싱팔레트에 하이라이트 컬러와 섀딩 컬러의 크림 파운데이션을 덜어 둔다.

6. 브러시로 섀딩 컬러를 외곽 섀딩, 노즈 섀딩 순으로 도포한 뒤 스펀지로 밀착시켜 준다. 얼굴에 제품을 도포할 때 손을 사용하게 되면 다시 그 손을 닦고 다음 과정을 진행해야 하는 번거로움이 있을 수 있으니 브러시 또는 퍼프 사용을 권장한다.

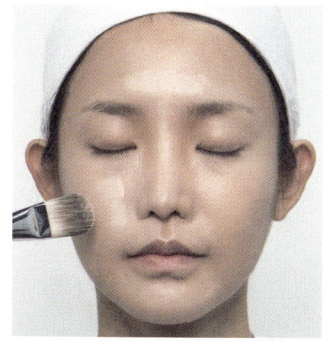 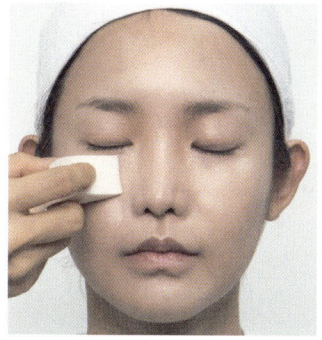

7. 브러시로 하이라이트컬러를 T존, 앞볼 등 순으로 도포하고 스펀지로 밀착이 될 수 있게 펴 발라준다.

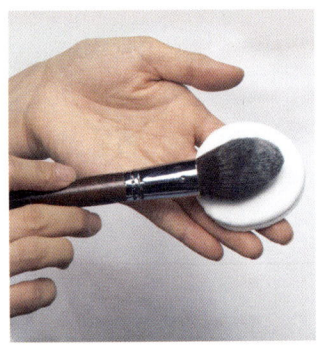

8. 파우더 브러시를 이용하여 소량의 파우더를 분첩에 덜어낸 후 양 조절하고 얼굴 전체에 가볍게 발라준다.

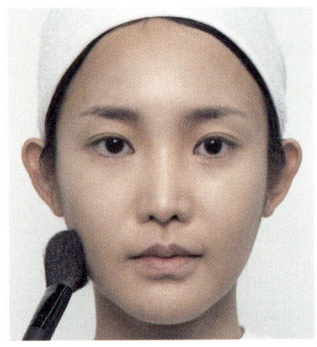
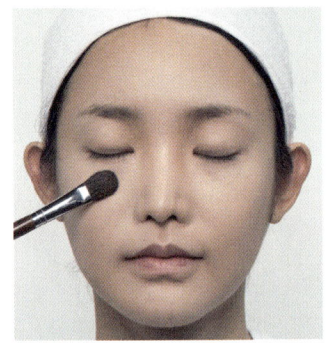

9. 파우더 타입의 섀딩과 하이라이트로 윤곽을 수정해준다.

마. 모델의 눈썹 모양에 맞추어 자연스러운 브라운 컬러의 눈썹을 표현하시오.

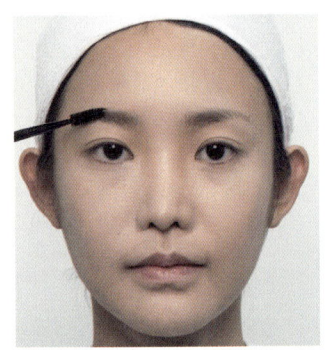
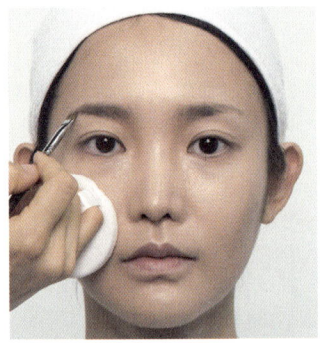

10. 스크류 브러시로 눈썹의 결을 정돈한 다음 모델의 눈썹 모양에 맞추어 자연스러운 형태로 그려준다. 이때 자연스러운 브라운 컬러로 표현해야 하므로 펜슬로 진하게 표현하는 것보다는 섀도우로 자연스럽게 발색 하는 것을 추천한다.

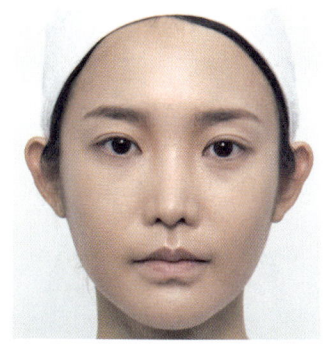 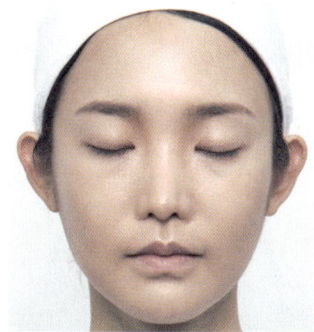

<u>11</u>. 눈썹 완성

바. 아이섀도우의 표현은 펄이 약간 가미된 피치색으로 눈두덩이와 언더라인 전체에 바르시오.

 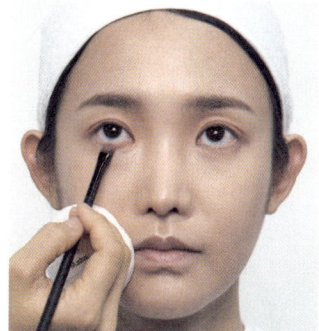

<u>12</u>. 펄감이 있는 피치색의 섀도우를 눈두덩이 전체와 언더라인 전체에 발라준다.

사. 브라운색 아이섀도우로 도면과 같이 아이라인 주변을 짙게 바르고 눈두덩이 위로 자연스럽게 그라데이션 한 후 눈꼬리 언더라인 1/2~1/3까지 그라데이션 하시오(단, 아이섀도우 연출 시 아이홀 라인의 경계가 생기지 않게 그라데이션 하시오).

 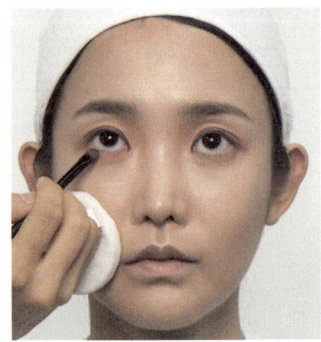 

13. 브라운색 섀도우를 아이라인 따라 진하게 발라주고 눈 꼬리부터 언더라인의 1/2~1/3까지 발라준다. 이때 피치색과 경계가 진다면 컬러가 묻어있지 않은 새 브러시로 그라데이션 해준다.

아. 언더라인에는 밝은 크림색 섀도우를 덧발라 애굣살이 돋보이도록 하시오.

 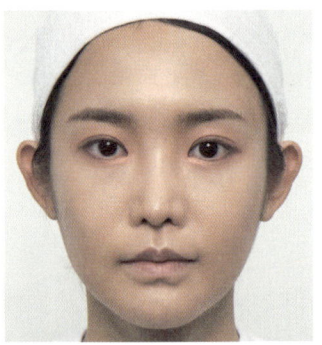

14. 언더라인에 밝은 크림색 섀도우는 라인느낌의 좁은 영역이므로 작은 브러시를 이용하여 심사 시 잘 보일 수 있게 또렷한 발색에 신경 쓰고 펄가루가 날리지 않게 얹어주듯 바른다. 아이섀도우 표현 시 브러시를 툭툭 털면서 바르게 되면 가루가 날려 눈 아래에 지저분하게 연출이 되고 다시 그 부분을 정리하려면 불필요한 시간이 소비되므로 조심스럽게 얹어주듯 바른다.

자. 아이라인은 속눈썹 사이를 메워 그리고 눈매를 아름답게 교정하시오.

15. 모델의 눈두덩이를 들어 올려 아이라인을 그려야 할 경우 손을 데지 마시고 면봉을 사용한다. 인조 속눈썹을 붙인 위로 아이라인이 보여야 하므로 미리 고려하여 두께감이 있게 블랙으로 그린다. 이때 아이라이너는 리퀴드, 붓펜, 젤 등 모든 타입이 가능하지만 비교적 빠르고 쉽게 표현할 수 있는 붓펜 타입을 추천한다.

차. 뷰러를 이용하여 자연 속눈썹을 컬링하시오.

16. 모델의 눈두덩이를 들어 올려야 할 경우 손을 데지 마시고 면봉을 사용하며 뷰러는 사용 후 바로 소독제를 뿌린 미용솜으로 닦아 제자리에 둔다.

카. 인조 속눈썹은 모델 눈에 맞춰 붙이고 마스카라를 발라주시오.

17. 인조 속눈썹 길이를 모델의 눈 길이에 맞추어 자른다. 인조 속눈썹 접착제는 튜브타입보다는 브러시가 부착되어있는 제품이 쉽고 편하게 사용할 수 있다.

18. 인조 속눈썹을 부착할 때는 눈 앞머리에 바짝 붙일 경우 눈을 찌르게 되므로 3mm 정도 뒤로 붙이고 접착제가 마르기 전에 모델이 눈을 뜨지 않게 한다.

19. 마스카라는 눈두덩이에 묻어나지 않도록 적당량 바른 후 마르기 전에 모델이 눈을 뜨지 않게 한다. 면봉은 여러 번 재사용 할 경우 위생점수에 감점이 될 수도 있으니 한번 사용한 후 바로 버린다.

 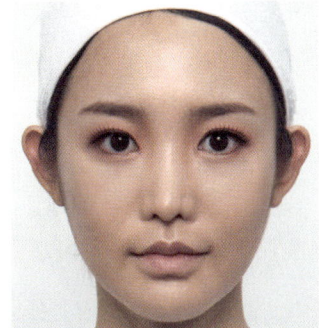

20. **아이메이크업 완성**

타. 치크는 오렌지 계열로 광대뼈 위쪽에 안에서 바깥으로 블렌딩해서 바르시오.

21. 진하지 않은 오렌지색을 브러시에 묻힌 뒤 바로 볼에 바를 경우 얼룩질 수 있으므로 타월 위 미용티슈에서 양 조절 및 발색을 확인하고 볼쪽에서 광대뼈 바깥쪽에서 터치하며 그라데이션 한다.

파. 립컬러는 오렌지레드색으로 바르고 입술라인을 선명하게 표현하시오.

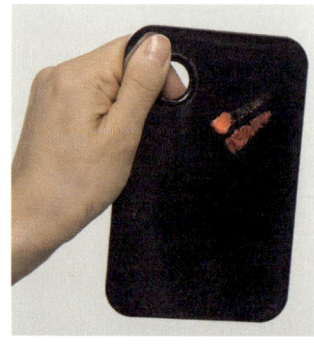 

<u>22</u>. 오렌지레드색 립제품이 없다면 오렌지색과 레드색의 립제품을 믹싱팔레트에 덜어 믹스하여 바른다. 입술 산부터 시작해서 구각 등 입술 라인을 따라서 선명하게 연출되어야 심사 시 좋은 점수를 받을 수 있기 때문에 선명한 라인 표현에 주의한다.

<u>23</u>. 선명한 입술라인을 표현하기 위해 컨실러로 입술 라인을 정리한다. 이때 쉽고 빠른 진행을 위해 펜슬타입의 컨실러를 추천한다.

완성모습

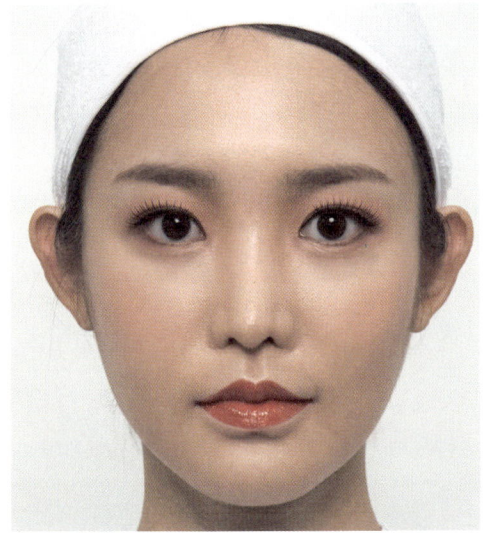

정면

측면

4. 내추럴 과제

자격종목	미용사(메이크업)	과제명	뷰티메이크업 내추럴	시험시간	40분

1) 요구사항 (1과제)

+ 지참재료 및 도구를 사용하여 아래의 요구사항에 따라 뷰티메이크업(내추럴)을 시험시간 내에 완성하시오.

가. 과제를 수행하기 전 수험자의 손 및 도구류를 소독한 후 제시된 도면을 참고하여 뷰티메이크업 내추럴 스타일을 연출하시오.

나. 모델의 피부톤에 적합한 메이크업베이스를 선택하여 얇고 고르게 펴 바르시오.

다. 베이스 메이크업은 모델 피부색과 비슷한 리퀴드 파운데이션을 사용하시오.

라. 피부의 결점 등을 커버하기 위하여 컨실러 등을 사용할 수 있으며 파운데이션은 두껍지 않게 골고루 펴 바르며 투명 파우더를 사용하여 마무리하시오.

마. 눈썹의 표현은 모델의 눈썹의 결을 최대한 살려 자연스럽게 그려주시오.

바. 아이섀도우의 표현은 펄이 없는 베이지색으로 눈두덩이와 언더라인 전체에 바르시오.

사. 브라운색으로 도면과 같이 아이라인 주변을 바르고 눈두덩이 위로 자연스럽게 그라데이션 한 후 눈꼬리 언더라인 1/2~1/3까지 그라데이션 하시오(단, 아이섀도우 연출 시 아이홀 라인의 경계가 생기지 않게 그라데이션 하시오).

아. 아이라인은 브라운컬러의 섀도우 타입이나 펜슬타입을 이용하여 점막을 채우듯이 속눈썹 사이를 메꾸어 그리고 눈매를 자연스럽게 교정하시오.

자. 뷰리를 이용하여 자연 속눈썹을 컬링 하시오.

차. 속눈썹은 마스카라를 이용하여 자연스럽게 표현하시오.

카. 치크는 피치컬러로 광대뼈 안쪽에서 바깥쪽으로 블렌딩 하시오.

타. 립은 베이지핑크색으로 자연스럽게 발라 마무리하시오.

스케치해보기

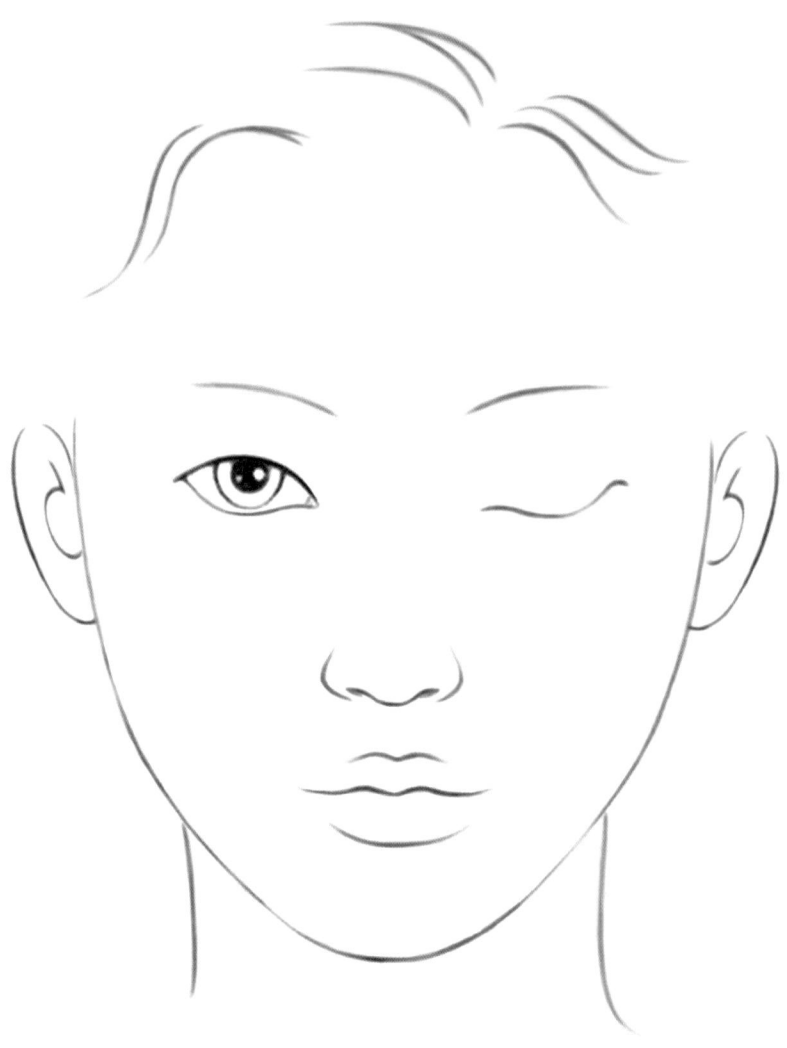

스케치해보기

 TIP

메이크업 제품과 색연필을 이용하여 먼저 스케치해보면 이론적으로 과제를 이해하는 데 도움이 됩니다.

자격종목	미용사(메이크업)	과제명	뷰티메이크업 내추럴

2) 수험자 유의사항

① 모델은 문신(눈썹, 아이라인, 입술 등), 속눈썹 연장 및 메이크업이 되어 있지 않은 상태여야 합니다.

② 스파출라, 속눈썹 가위, 족집게, 눈썹칼 등의 도구류를 사용 전 소독제로 소독해야 합니다.

③ 메이크업 베이스, 파운데이션을 펴 바를 때 스펀지 퍼프 또는 브러시를 사용하시오.

④ 아이섀도우, 치크, 립 등의 표현 시 브러시 등 적합한 도구를 사용하시오.

⑤ 화장품은 요구사항에 지정된 제형 외에는 타입에 상관없이 자유롭게 사용하시오.

3) 메이크업 과정

가. 과제를 수행하기 전 수험자의 손 및 도구류를 소독한 후 제시된 도면을 참고하여 뷰티 메이크업 내추럴 스타일을 연출하시오.

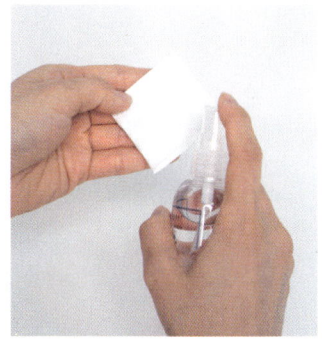 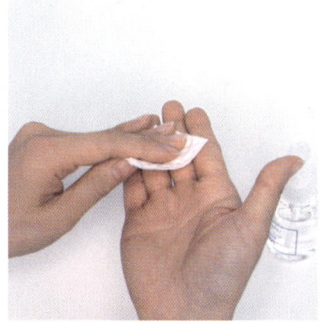 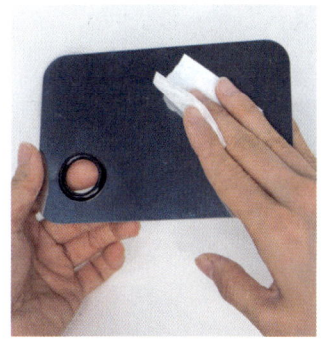

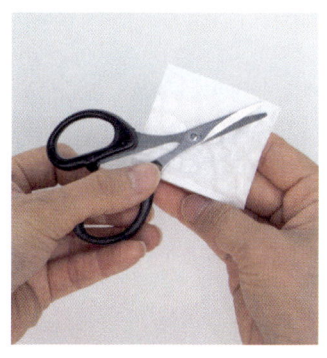 

1. 소독제를 화장솜에 분사하여 손 및 철제도구 등 순서대로 소독한다. 이때, 소독제 분사방향이 모델, 제품 또는 다른 수험자를 향하면 감점이 될 수 있으니 바닥 또는 위생봉투를 향하도록 한다.

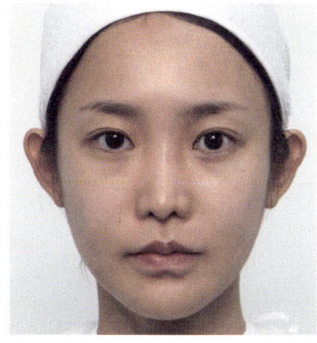

2. 모델은 문신(눈썹, 아이라인 등), 속눈썹 연장이 되어 있지 않아야 하며 뷰러 등을 미리 하지 않은 민낯으로 헤어터번과 어깨보를 착용한 상태여야 한다.

나. 모델의 피부톤에 적합한 메이크업베이스를 선택하여 얇고 고르게 펴 바르시오.

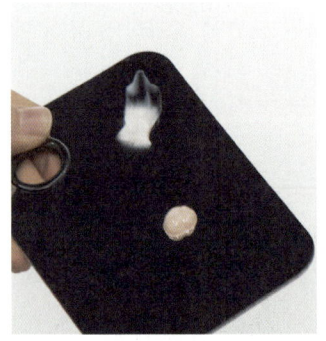 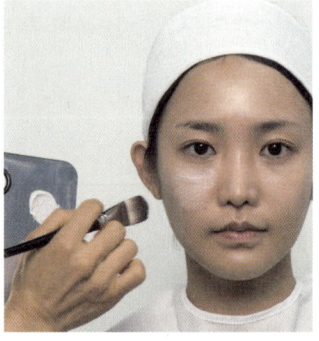 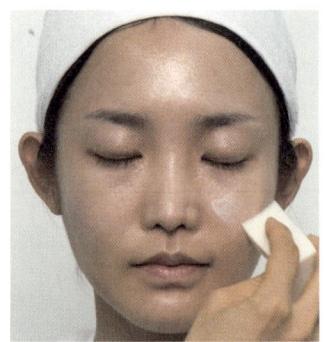

3. 믹싱팔레트에 메이크업베이스와 리퀴드파운데이션을 덜어준다. 브러시 또는 퍼프로 볼, 이마 등 넓은 부위부터 눈 주변, 코, 입 등 좁은 부위의 순으로 펴 바른다.

다. 베이스 메이크업은 모델 피부색과 비슷한 리퀴드 파운데이션을 사용하시오.

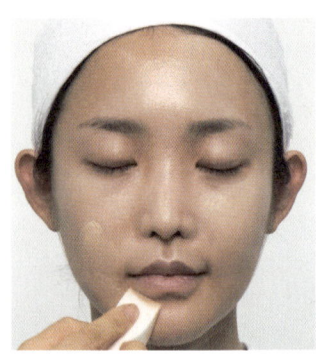 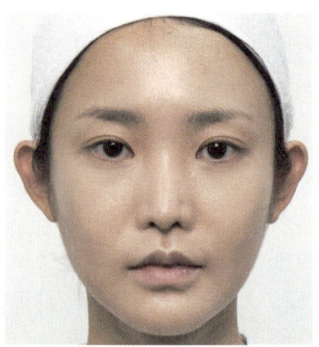

4. 모델의 피부톤에 맞는 컬러의 리퀴드파운데이션을 스펀지를 이용하여 패팅과 슬라이딩기법으로 펴 바른다. 이때 파운데이션 제형은 리퀴드파운데이션으로 제시가 되어 있기 때문에 반드시 리퀴드파운데이션으로 사용한다.

라. 피부의 결점 등을 커버하기 위하여 컨실러 등을 사용할 수 있으며 파운데이션은 두껍지 않게 골고루 펴 바르며 투명 파우더를 사용하여 마무리하시오.

5. 더 커버할 부분이 있으면 컨실러로 더 커버해주세요.

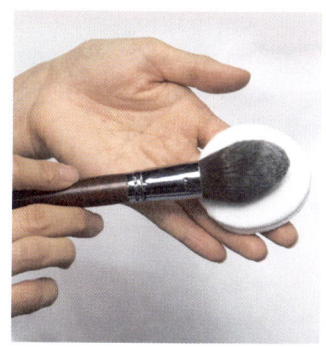  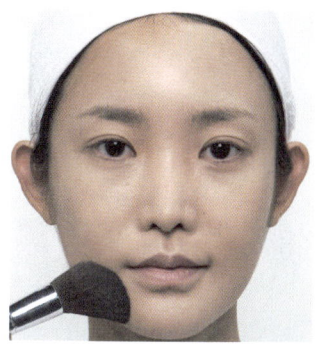

6. 파우더 브러시를 이용하여 소량의 루즈파우더를 분첩에 덜어낸 후 양 조절하고 얼굴 전체에 가볍게 발라준다.

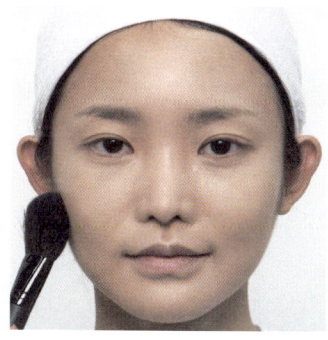 

7. 제시된 문제 요구사항에는 없지만 자연스러운 연출을 위해 섀도우타입의 섀딩과 하이라이트로 가볍게 윤곽을 수정해준다.

마. 눈썹의 표현은 모델의 눈썹의 결을 최대한 살려 자연스럽게 그려주시오.

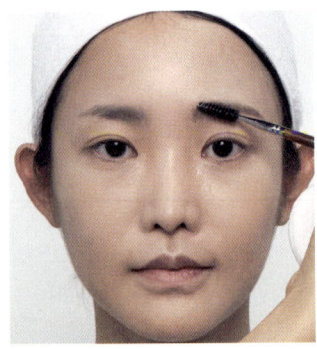 

8. 스크류 브러시로 눈썹의 결을 정돈한 다음 모델의 눈썹 모양에 맞추어 자연스러운 형태로 그려준다. 이때 자연스럽게 표현해야 하므로 펜슬로 진하게 표현하는 것보다는 섀도우로 자연스럽게 발색하는 것을 추천한다.

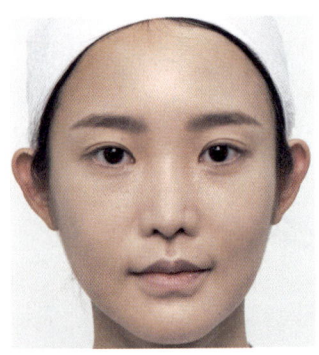

9. 눈썹 완성

바. 아이섀도우의 표현은 펄이 없는 베이지색으로 눈두덩이와 언더라인 전체에 바르시오.

10. 펄감이 없는 베이지색의 섀도우를 눈두덩이 전체와 언더라인에 발라준다. 이때 모델의 피부톤에 따라 베이지색이 잘 안보일 수 있기 때문에 심사 시 좋은 점수를 받을 수 있도록 발색에 신경 써 주어야 한다.

사. 브라운색으로 도면과 같이 아이라인 주변을 바르고 눈두덩이 위로 자연스럽게 그라데이션 한 후 눈꼬리 언더라인 1/2~1/3까지 그라데이션 하시오(단, 아이섀도우 연출 시 아이홀 라인의 경계가 생기지 않게 그라데이션 하시오).

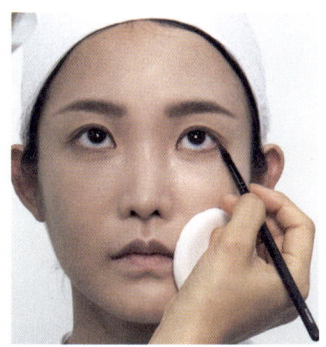  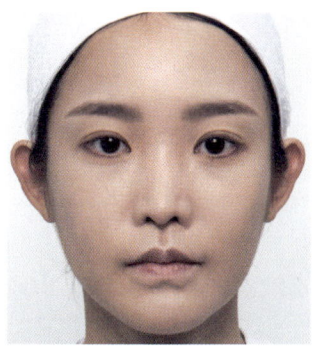

11. 브라운색 섀도우를 아이라인을 따라 바르고 눈 꼬리부터 언더라인의 1/2~1/3까지 발라준다. 아이홀 부분 및 베이지색과 경계가 생기지 않게 컬러가 묻어있지 않은 새 브러시로 그라데이션 해준다.

아. 아이라인은 브라운컬러의 섀도우 타입이나 펜슬타입을 이용하여 점막을 채우듯이 속눈썹 사이를 메워 그리고 눈매를 자연스럽게 교정하시오.

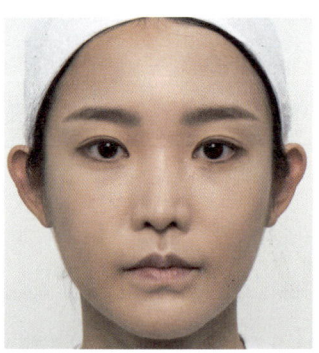

12. 모델의 눈두덩이를 들어올려야 할 경우 손을 데지 마시고 면봉을 사용한다. 아이라인은 브라운색 펜슬 아이라이너로 두드러지지 않게 자연스럽게 그리고 길이는 눈꼬리 밖으로 길게 나오지 않을 정도로 한다. 이때 아이라이너는 문제 요구사항에 브라운 컬러의 섀도우 타입이나 펜슬타입으로 제시되어 있으므로 반드시 두 가지 타입 중 선택한다.

자. 뷰러를 이용하여 자연 속눈썹을 컬링 하시오.

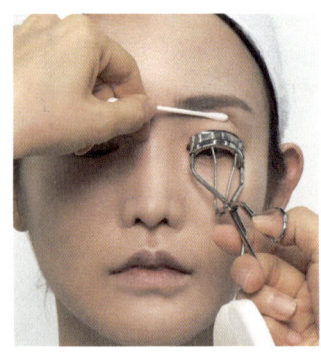

13. 모델의 눈두덩이를 들어올려야 할 경우 손을 데지 마시고 면봉을 사용하며 뷰러는 사용 후 바로 소독제를 뿌린 미용솜(탈지면)으로 닦아 제자리에 둔다.

차. 속눈썹은 마스카라를 이용하여 자연스럽게 표현하시오.

14. 마스카라는 눈두덩이에 묻어나지 않도록 적당량 바른 후 마르기 전에 모델이 눈을 뜨지 않게 한다. 면봉은 여러 번 재사용 할 경우 위생점수에 감점이 될 수도 있으니 한번 사용한 후 바로 버린다.

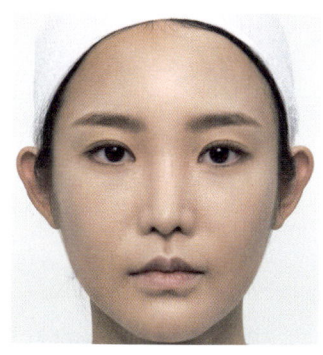 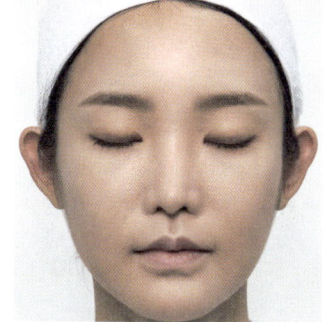

15. 아이메이크업 완성

카. 치크는 피치컬러로 광대뼈 안쪽에서 바깥쪽으로 블렌딩하시오.

16. 피치색을 브러시에 묻힌 뒤 바로 볼에 바를 경우 얼룩질 수 있으므로 타월 위 미용티슈에서 양조절 및 발색을 확인하고 볼쪽에서 광대뼈 바깥쪽에서 터치하며 그라데이션 한다.

타. 립은 베이지핑크색으로 자연스럽게 발라 마무리하시오.

17. 베이지핑크색 립제품이 없다면 베이지색과 핑크색의 립제품을 믹싱팔레트에 덜어 믹스한 다음 입술 전체에 자연스럽게 발색한다. 심사 시 좋은 점수를 받을 수 있도록 너무 두드러지지 않게 신경 써 주어야 한다.

완성모습

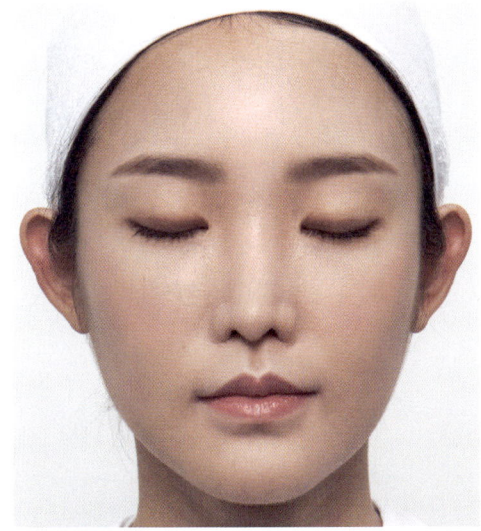

정면

측면

미용사 메이크업 실기

Make-up

CHAPTER 08 [2과제] 시대 메이크업

| 시간 | 40분 | 배점 | 30점 | 척도 | NS |

준비물

- 소독 및 위생도구 : 위생가운, 어깨보, 헤어터번, 타월, 스프레이형 소독제, 화장솜, 화장솜 용기, 면봉, 면봉용기, 미용티슈, 위생봉투, 물티슈
- 피부메이크업 제품 : 메이크업베이스, 리퀴드파운데이션, 크림파운데이션, 루즈파우더, 핑크파우더, 컨실러
- 색조메이크업 제품 : 아이섀도우팔레트, 립팔레트, 아이라이너, 마스카라, 아이메이크업펜슬, 립라이너 펜슬, 인조속눈썹, 속눈썹 접착제, 볼터치, 립글로즈
- 기타도구 : 브러시세트, 브러시용기, 더마왁스, 메이크업 믹싱팔레트, 눈썹칼, 눈썹가위, 철제도구용기, 파운데이션퍼프, 퍼프용기, 분첩, 뷰러, 족집게 등

심사기준

사전심사 : 3점	소독 : 3점	베이스 : 3점
눈썹 : 3점	눈 : 6점	볼터치 : 3점
입술 : 3점	완성도 : 6점	총 30점

1. 그레타 가르보 과제

| 자격종목 | 미용사(메이크업) | 과제명 | 시대메이크업 그레타 가르보 | 시험시간 | 40분 |

1) 요구사항 (2과제)

+ 지참재료 및 도구를 사용하여 아래의 요구사항에 따라 시대메이크업(그레타 가르보)을 시험시간 내에 완성하시오.

가. 과제를 수행하기 전 수험자의 손 및 도구류를 소독한 후 제시된 도면을 참고하여 시대메이크업(그레타 가르보) 스타일을 연출하시오.

나. 모델의 피부톤에 적합한 메이크업베이스를 선택하여 얇고 고르게 펴 바르시오.

다. 눈썹은 파운데이션 등(또는 눈썹 왁스 및 실러)을 사용하여 도면과 같이 완벽하게 커버하시오.

라. 모델의 피부 톤에 맞춰 결점을 커버하여 깨끗하게 피부 표현하시오.

마. 섀딩과 하이라이트로 윤곽 수정 후 파우더로 매트하게 마무리 하시오.

바. 눈썹은 아치형으로 그려 그레타 가르보의 개성이 돋보이게 표현하시오.

사. 아이섀도우의 표현은 도면과 같이 모델의 눈두덩이에 펄이 없는 갈색계열의 컬러를 이용하여 아이홀을 그리고 그라데이션 하시오.

아. 아이라인은 속눈썹 사이를 메워 그리고 도면과 같이 눈매를 교정하시오.

자. 뷰러를 이용하여 자연 속눈썹을 컬링 하시오.

차. 인조 속눈썹은 모델 눈에 맞춰 붙이고 깊고 그윽한 눈매를 연출하시오.

카. 치크는 브라운 색으로 광대뼈 아래쪽을 강하게 표현하고 얼굴 전체를 핑크톤으로 가볍게 쓸어 표현하시오.

타. 적당한 유분기를 가진 레드브라운 립 컬러를 이용하여 인커브 형태로 바르시오.

스케치해보기

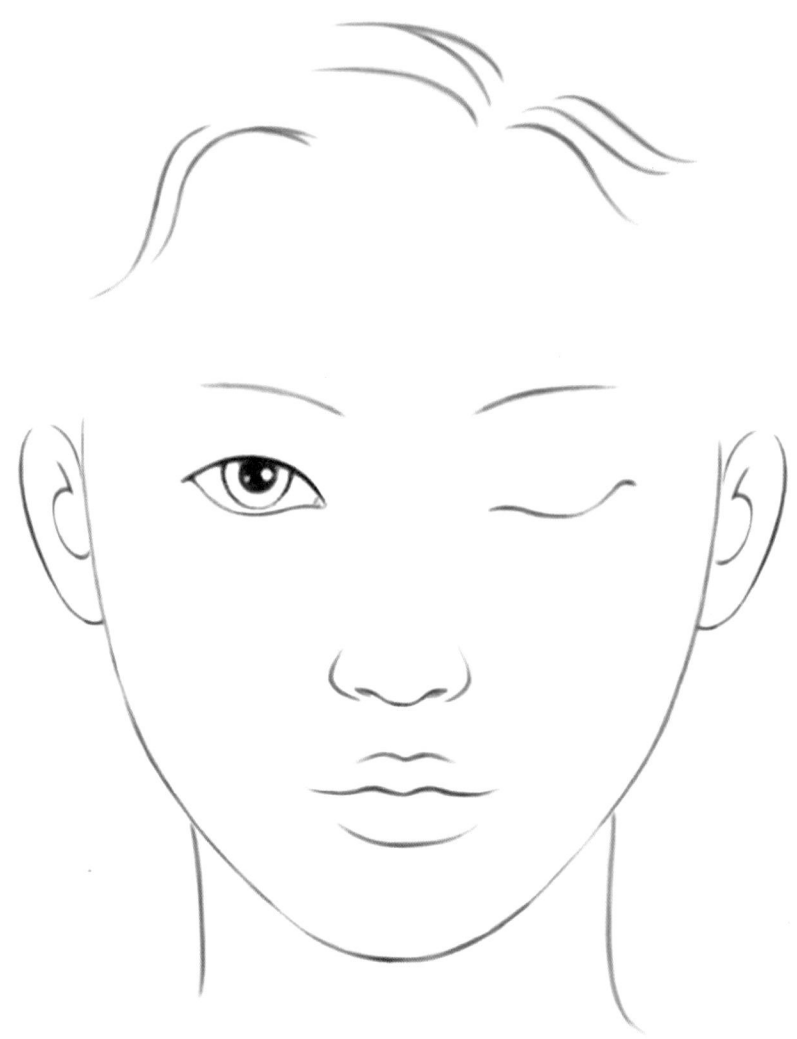

스케치해보기

🔵 TIP

메이크업 제품과 색연필을 이용하여 먼저 스케치해보면 이론적으로 과제를 이해하는 데 도움이 됩니다.

자격종목	미용사(메이크업)	과제명	시대메이크업 (그레타 가르브)	시험시간	40분

2) 수험자 유의사항

① 모델은 문신(눈썹, 아이라인, 입술 등), 속눈썹 연장 및 메이크업이 되어 있지 않은 상태여야 합니다.

② 스파츌라, 속눈썹 가위, 족집게, 눈썹칼 등의 도구류를 사용 전 소독제로 소독해야 합니다.

③ 메이크업 베이스, 파운데이션을 펴 바를 때 스펀지 퍼프 또는 브러시를 사용하시오.

④ 아이섀도우, 치크, 립 등의 표현 시 브러시 등 적합한 도구를 사용하시오.

⑤ 화장품은 요구사항에 지정된 제형 외에는 타입에 상관없이 자유롭게 사용하시오.

3) 메이크업 과정

가. 과제를 수행하기 전 수험자의 손 및 도구류를 소독한 후 제시된 도면을 참고하여 시대메이크업(그레타 가르보) 스타일을 연출하시오.

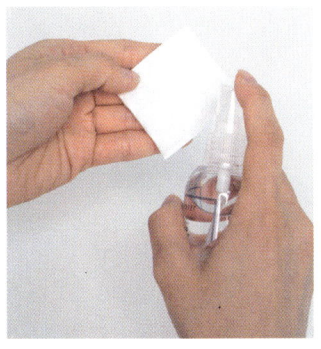
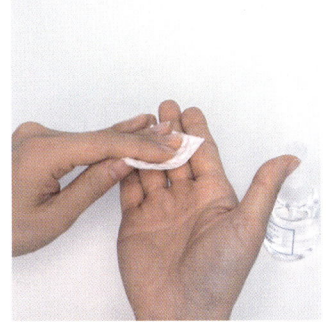

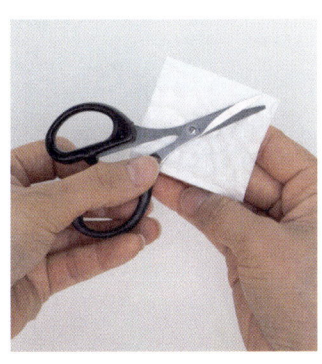
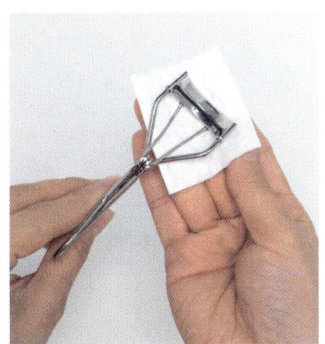

1. 소독제를 미용솜(탈지면)에 분사하여 손 및 철제도구 등 순서대로 소독한다. 이때, 소독제 분사방향이 모델, 제품 또는 다른 수험자를 향하면 감점이 될 수 있으니 바닥 또는 위생봉투를 향하도록 한다.

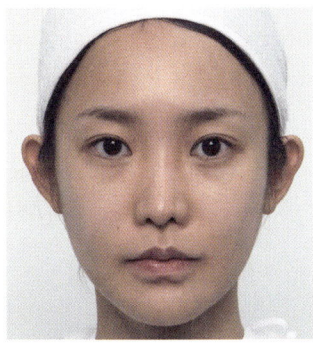

2. 모델은 문신(눈썹, 아이라인 등), 속눈썹 연장이 되어 있지 않아야 하며 뷰러 등을 미리 하지 않은 민낯으로 헤어터번과 어깨보를 착용한 상태여야 한다.

나. 모델의 피부톤에 적합한 메이크업베이스를 선택하여 얇고 고르게 펴 바르시오.

 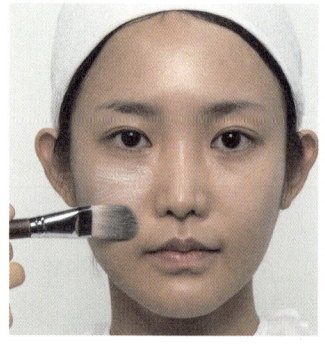 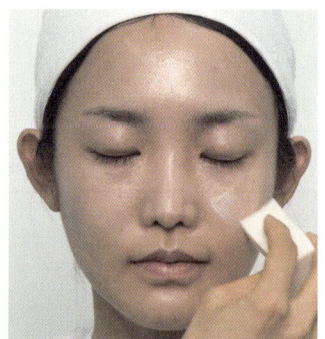

3. 믹싱팔레트에 메이크업베이스를 덜어서 브러시 또는 퍼프로 볼, 이마 등 넓은 부위부터 눈주변, 코, 입 등 좁은 부위의 순으로 펴 바른다. 이때 더마왁스를 사용하여 눈썹을 커버할 경우, 비교적 민낯에 밀착이 잘되기 때문에 눈썹 부분에는 메이크업베이스를 바르지 않도록 주의합니다.

다. 눈썹은 파운데이션 등(또는 눈썹 왁스 및 실러)을 사용하여 도면과 같이 완벽하게 커버하시오.

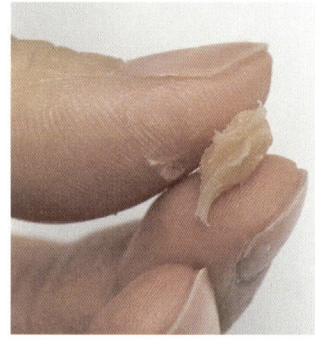

4. 더마왁스는 스파츌라로 소량을 덜어 주무르며 손의 체온으로 유연하게 만든다.

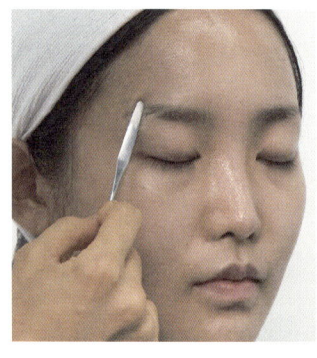 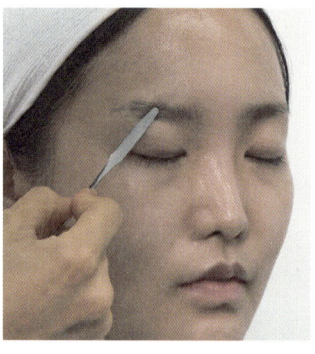

5. 깨끗한 상태의 스파츌라를 이용하여 유연해진 더마왁스를 최소량씩 떼어내어 눈썹결을 따라 가볍게 긁어주듯 눈썹 끝부터 시작해서 눈썹 앞머리까지 얇게 발라준다.

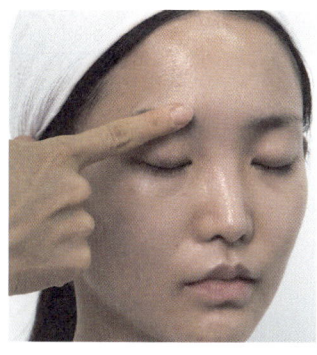

6. 더마왁스를 눈썹전체에 바른 뒤에는 손의 체온으로 한 번 더 지그시 눌러 밀착시켜준다.

7. 눈썹의 결이 얇고 숱이 적을 경우에는 더마왁스보다는 컨실러나 크림파운데이션만으로 완벽하게 커버하는 것을 추천한다. 이때 비교적 많은 양의 제품으로 눈썹을 한 올 한 올 커버하듯 브러시를 사용하여 눈썹의 결 방향과 반대방향으로 얹어준다.

라. 모델의 피부 톤에 맞춰 결점을 커버하여 깨끗하게 피부표현 하시오.

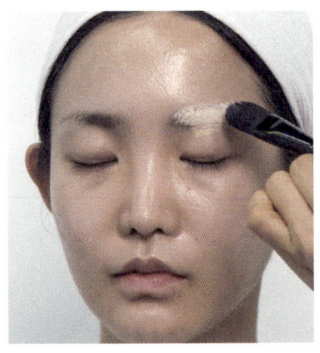 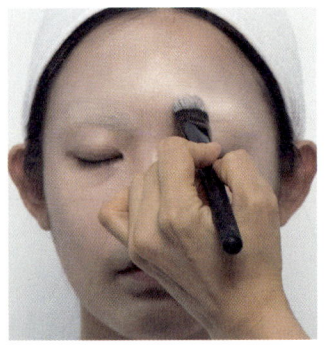

8. 모델의 피부 톤에 맞는 파운데이션을 믹싱팔레트에 덜어낸 뒤 더마왁스로 커버한 눈썹 부분이 벗겨지지 않게 브러시와 스펀지를 이용하여 두드려 바른다.
  컨실러 또는 크림파운데이션으로 커버할 경우 비교적 많은 양의 제품을 브러시로 눈썹 한올한올에 덧발라준다.
  *전체 시험과제에 눈썹을 변형하는 패턴이 많으므로 시험장 입장하기전 미리 모델의 눈썹을 최대한 얇게 정리해두면 시간 단축 및 간단하게 눈썹을 커버하는데 유리할 수 있다.

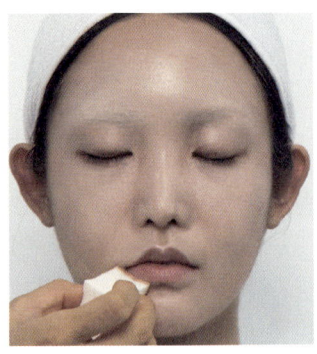

9. 모델의 기준에서 오른쪽 눈썹은 더마왁스로 왼쪽 눈썹은 크림파운데이션으로 커버한 상태이다.

마. 섀딩과 하이라이트로 윤곽 수정 후 파우더로 매트하게 마무리하시오.

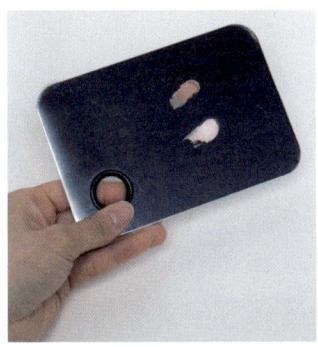

10. 믹싱팔레트에 하이라이트 컬러와 섀딩 컬러의 크림 파운데이션을 덜어 둔다.

  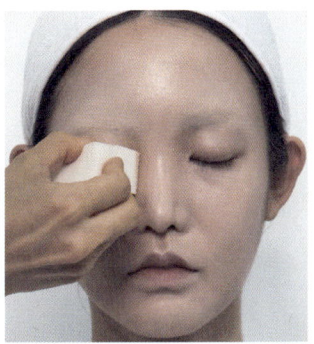

11. 브러시로 섀딩컬러를 외곽섀딩, 노즈섀딩 순으로 도포한 뒤 스펀지로 밀착시켜 준다. 얼굴에 제품을 도포할 때 손을 사용하게 되면 다시 그 손을 닦고 다음 과정을 진행해야 하는 번거로움이 있을 수 있으니 브러시 또는 퍼프 사용을 권장한다.

 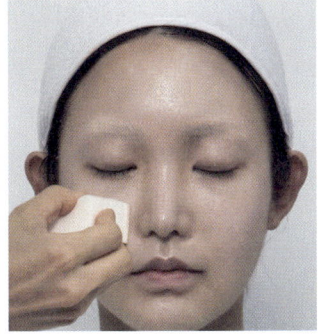

12. 브러시로 하이라이트컬러를 T존, 앞볼 등 순으로 도포하고 스펀지로 밀착이 될 수 있게 펴 발라준다.

 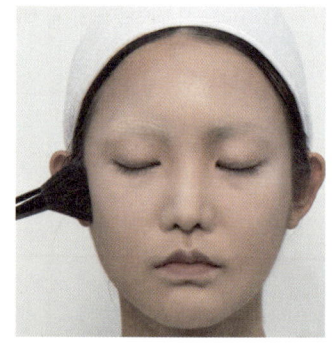 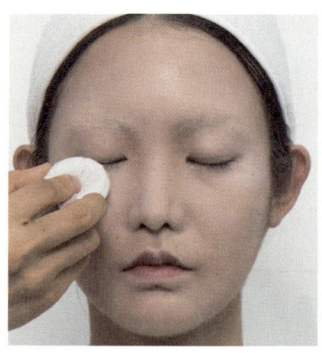

13. 파우더 브러시를 이용하여 파우더를 분첩에 적당량 덜어내어 얼굴 전체에 꼼꼼히 바른 후 매트한 피부표현을 위해 분첩으로 한번 더 두드리듯 눌러주어 마무리한다. 이때 처음부터 분첩으로 파우더를 바로 바르게 되면 양 조절이 되지 않아 파우더가 뭉쳐질 수 있고 뭉쳐진 파우더는 펴 바르기 쉽지 않기 때문에 브러시로 먼저 바르는 것을 추천한다.

  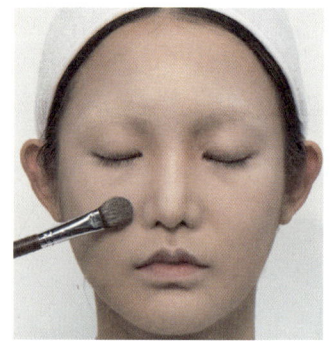

14. 파우더 타입의 섀딩과 하이라이트로 윤곽을 수정해준다.

바. 눈썹은 아치형으로 그려 그레타 가르보의 개성이 돋보이게 표현하시오.

15. 눈썹을 그리기 전 눈썹 뼈 부분에 하이라이트 처리해 준다.

<u>16</u>. 그레타 가르보 눈썹은 가늘고 긴 아치형으로 그려야 하므로 연하게 발색되며 수정이 용이한 에보니펜슬로 가이드를 표시하고 브라운섀도우로 마무리하는 것을 추천한다. 이때 모델의 눈썹에서 벗어나지 않는 범위에서 아치형으로 만들고 더마왁스 또는 컨실러, 파운데이션으로 커버한 부분이 떨어지거나 벗겨지지 않게 조심스럽게 그린다.

<u>17</u>. 자연스러운 눈썹의 연출을 위해 눈썹의 앞머리를 노즈섀딩과 연결하여 그라데이션한다.

사. 아이섀도우의 표현은 도면과 같이 모델의 눈두덩이에 펄이 없는 갈색계열의 컬러를 이용하여 아이홀을 그리고 그라데이션하시오.

<u>18</u>. 아이홀을 그리기 전에 펜슬제품으로 가이드 하는 것을 추천한다.

19. 아이홀 라인 안쪽 눈두덩이에 펄이 없는 화이트 섀도우를 짙게 바른다. 이때 선명한 화이트가 표현되도록 여러 번 덧바른다.

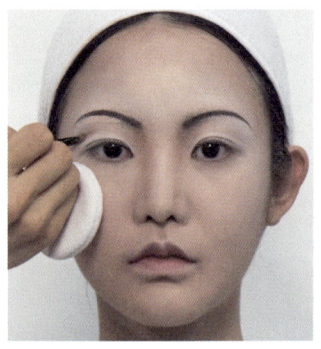

20. 길이가 짧고 작은 브러시를 사용하여 펄이 없는 갈색 섀도우로 선명하게 아이홀을 그린다. 아이홀은 눈을 뜬 상태로 눈 앞머리부터 눈 꼬리까지 아이라인을 따라 같은 두께로 그려준다.

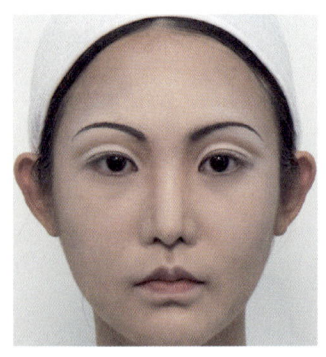 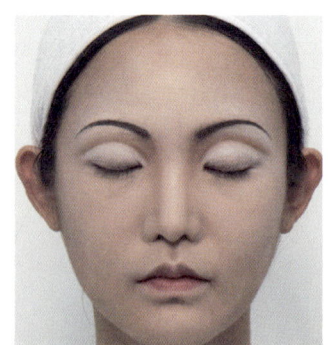

21. 눈썹, 아이홀 완성

아. 아이라인은 속눈썹 사이를 메꾸어 그리고 도면과 같이 눈매를 교정하시오.

22. 모델의 눈두덩이를 들어올려야 할 경우 손을 데지 마시고 면봉을 사용한다. 인조 속눈썹을 붙인 위로 아이라인이 보여야 하므로 미리 고려하여 두께감이 있게 길이는 아이홀까지 닿지 않게 블랙 아이라인을 그린다.

자. 뷰러를 이용하여 자연 속눈썹을 컬링 하시오.

23. 모델의 눈두덩이를 들어올려야 할 경우 손을 데지 마시고 면봉을 사용하며 뷰러는 사용 후 바로 소독제로 뿌린 미용솜(탈지면)으로 닦아 제자리에 둔다.

차. 인조 속눈썹은 모델 눈에 맞춰 붙이고 깊고 그윽한 눈매를 연출하시오.

24. 인조 속눈썹 길이를 모델의 눈 길이에 맞추어 자른다. 인조 속눈썹 접착제는 튜브타입보다는 브러시가 부착되어있는 제품이 쉽고 편하게 사용할 수 있다.

25. 인조 속눈썹을 부착할 때는 눈 앞머리에 바짝 붙일 경우 눈을 찌르게 되므로 3mm 정도 뒤로 붙이고 접착제가 마르기 전에 모델이 눈을 뜨지 않게 한다.

26. 깊고 그윽한 눈매를 연출하기 위해 마스카라를 적당량 바른 후 마르기 전에 눈을 뜨지 않게 한다. 면봉은 여러 번 재사용할 경우 위생점수에 감점이 될 수도 있으니 한번 사용한 후 바로 버린다.

카. 치크는 브라운 색으로 광대뼈 아래쪽을 강하게 표현하고 얼굴 전체를 핑크톤으로 가볍게 쓸어 표현하시오.

27. 펄감없는 브라운 컬러를 브러시에 묻힌 뒤 바로 볼에 바를 경우 얼룩질 수 있으므로 타월 위 미용티슈에서 양조절 및 발색을 확인하고 광대뼈 아래 외곽 쪽에서 터치하며 그라데이션 한다.

28. 연한 핑크 컬러로 얼굴 전체를 가볍게 발라준다.

타. 적당한 유분기를 가진 레드브라운 립컬러를 이용하여 인커브 형태로 바르시오.

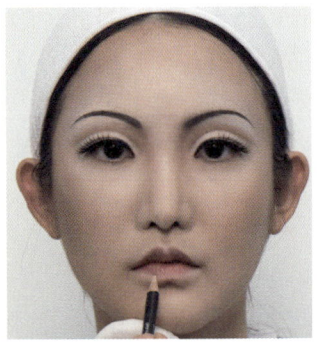

<u>29</u>. 선명한 입술라인을 표현하기 위해 컨실러로 입술라인 바깥쪽을 정리한다. 이때 쉽고 빠른 진행을 위해 펜슬 타입의 컨실러를 추천한다.

<u>30</u>. 레드브라운 립제품이 없다면 레드와 브라운색 립제품을 믹싱팔레트에 덜어 믹스한 다음 입술 산부터 시작해서 구각 등 입술 라인을 따라서 바른다. 심사 시 좋은 점수를 받을 수 있도록 인커브 형태로 선명한 라인 표현에 신경 써 주어야 한다.

완성모습

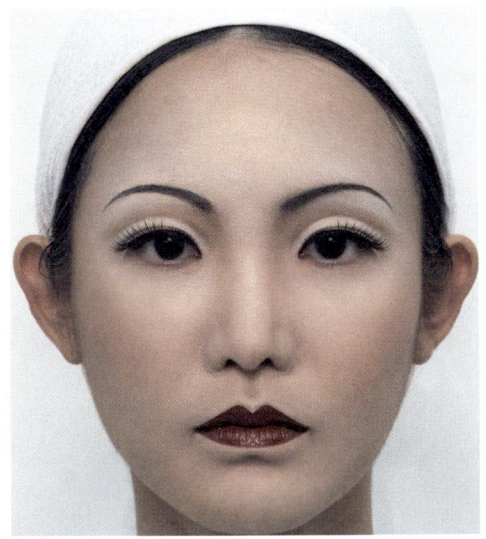

정면

측면

2. 마릴린 먼로 과제

| 자격종목 | 미용사(메이크업) | 과제명 | 시대메이크업
(마릴린 먼로) | 시험시간 | 40분 |

1) 요구사항 (2과제)

+ 지참재료 및 도구를 사용하여 아래의 요구사항에 따라 시대메이크업(마릴린 먼로)을 시험시간 내에 완성하시오.

가. 과제를 수행하기 전 수험자의 손 및 도구류를 소독한 후 제시된 도면을 참고하여 시대메이크업(마릴린 먼로) 스타일을 연출하시오.

나. 모델의 피부톤에 적합한 메이크업베이스를 선택하여 얇고 고르게 펴 바르시오.

다. 모델의 피부 톤보다 밝은 핑크 톤의 파운데이션으로 표현하시오.

라. 섀딩과 하이라이트로 윤곽 수정 후 파우더로 매트하게 마무리하시오.

마. 눈썹은 브라운 색의 양미간이 좁지 않은 각진 눈썹으로 표현하시오.

바. 아이섀도우는 모델의 눈두덩이를 중심으로 핑크와 베이지 계열의 컬러를 이용하여 아이홀을 표현하고 그라데이션하시오.

사. 아이홀 안 쪽 눈꺼풀에 화이트 색상으로 입체감을 주고 언더에는 베이지계열의 섀도우를 바르시오.

아. 아이라인은 속눈썹 사이를 메워 그리고 도면과 같이 아이라인을 길게 뺀 형태의 눈매를 표현하시오.

자. 뷰러를 이용하여 자연 속눈썹을 컬링 하시오.

차. 인조 속눈썹은 모델의 눈보다 길게 뒤로 빼서 붙여주고 깊고 그윽한 눈매를 표현하시오.

카. 치크는 핑크톤으로 광대뼈보다 아래쪽에서 구각을 향해 사선으로 바르시오.

타. 적당한 유분기를 가진 레드 립컬러를 아웃커브 형태로 바르시오.

파. 도면과 같이 마릴린 먼로의 개성이 돋보이는 점을 그리시오.

스케치해보기

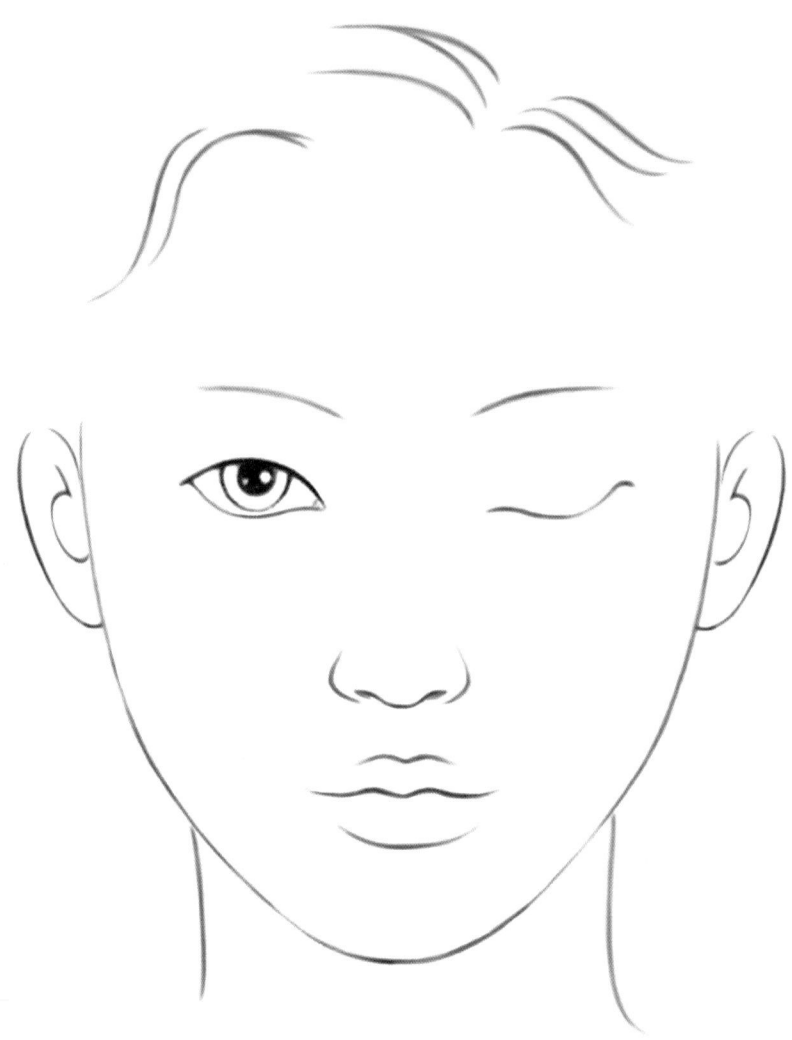

스케치해보기

🔵 TIP

메이크업 제품과 색연필을 이용하여 먼저 스케치해보면 이론적으로 과제를 이해하는 데 도움이 됩니다.

자격종목	미용사(메이크업)	과제명	시대메이크업 (마릴린 먼로)	시험시간	40분

2) 수험자 유의사항

① 모델은 문신(눈썹, 아이라인, 입술 등), 속눈썹 연장 및 메이크업이 되어 있지 않은 상태여야 합니다.

② 스파출라, 속눈썹 가위, 족집게, 눈썹칼 등의 도구류를 사용 전 소독제로 소독해야 합니다.

③ 메이크업 베이스, 파운데이션을 펴 바를 때 스펀지 퍼프 또는 브러시를 사용하시오.

④ 아이섀도우, 치크, 립 등의 표현 시 브러시 등 적합한 도구를 사용하시오.

⑤ 화장품은 요구사항에 지정된 제형 외에는 타입에 상관없이 자유롭게 사용하시오.

3) 메이크업 과정

가. 과제를 수행하기 전 수험자의 손 및 도구류를 소독한 후 제시된 도면을 참고하여 시대메이크업(마릴린 먼로) 스타일을 연출하시오.

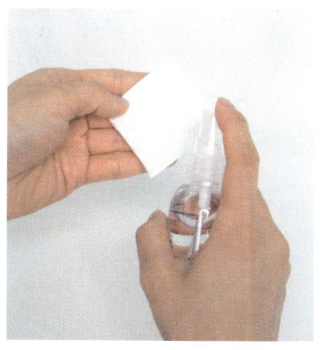
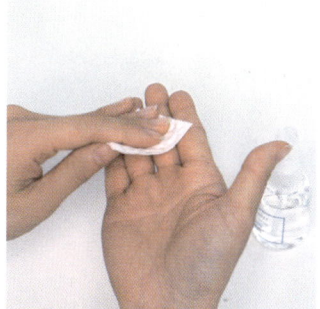

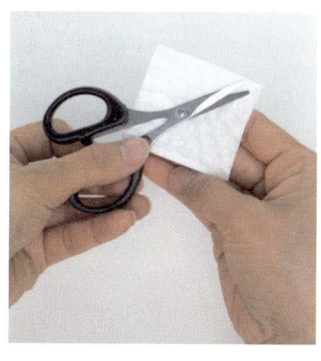
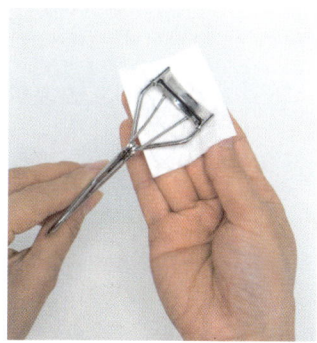

<u>1</u>. 소독제를 화장솜에 분사하여 손 및 철제도구 등 순서대로 소독한다. 이때, 소독제 분사방향이 모델, 제품 또는 다른 수험자를 향하면 감점이 될 수 있으니 바닥 또는 위생봉투를 향하도록 한다.

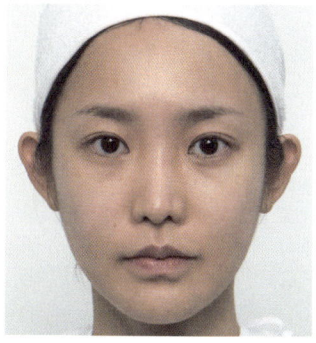

<u>2</u>. 모델은 문신(눈썹, 아이라인 등), 속눈썹 연장이 되어 있지 않아야 하며 뷰러 등을 미리 하지 않은 민낯으로 헤어터번과 어깨보를 착용한 상태여야 한다.

나. 모델의 피부톤에 적합한 메이크업베이스를 선택하여 얇고 고르게 펴 바르시오.

 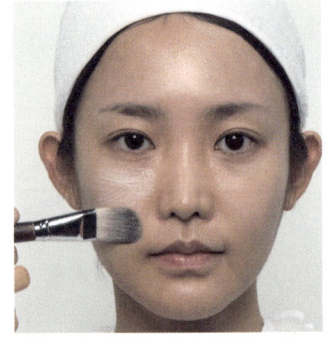 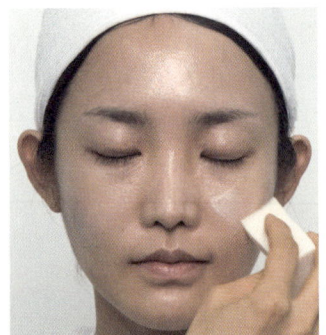

3. 믹싱팔레트에 메이크업베이스를 덜어 브러시 또는 퍼프로 볼, 이마 등 넓은 부위부터 눈주변, 코, 입 등 좁은 부위의 순으로 펴 바른다.

다. 모델의 피부 톤보다 밝은 핑크 톤의 파운데이션으로 표현하시오.

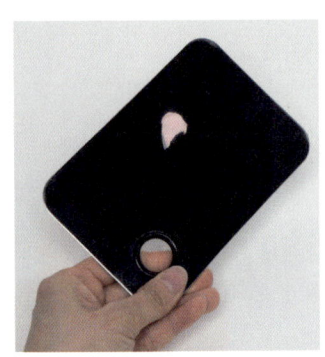 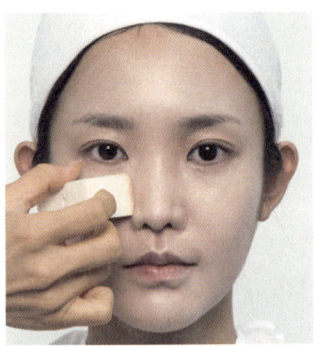

4. 모델의 피부 톤보다 밝은 핑크 톤의 파운데이션을 믹싱팔레트에 덜어 스펀지를 이용하여 패팅과 슬라이딩기법으로 펴 바른다. 이때 파운데이션 제형은 리퀴드, 크림, 스틱 등 모든 타입이 가능하지만 빠르고 커버력 있게 표현하기 용이한 크림파운데이션을 추천한다.

라. 섀딩과 하이라이트로 윤곽 수정 후 파우더로 매트하게 마무리하시오.

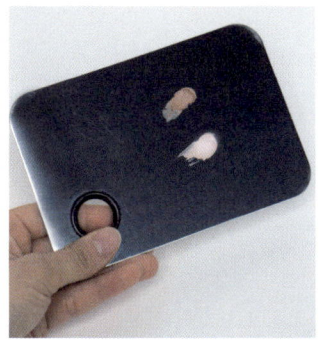 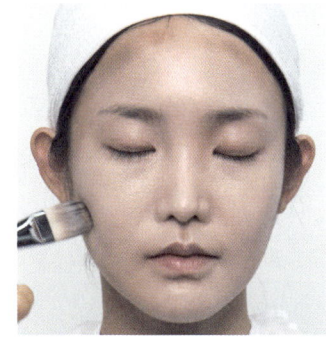 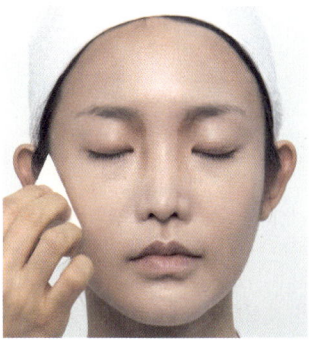

5. 믹싱팔레트에 하이라이트컬러와 섀딩컬러 크림파운데이션을 덜고 브러시로 외곽섀딩, 노즈섀딩순으로 도포한 뒤 스펀지로 밀착시켜 준다. 얼굴에 제품을 도포 할 때 손을 사용하게 되면 다시 그 손을 닦고 다음 과정을 진행해야 하는 번거로움이 있을 수 있으니 브러시 사용을 권장한다.

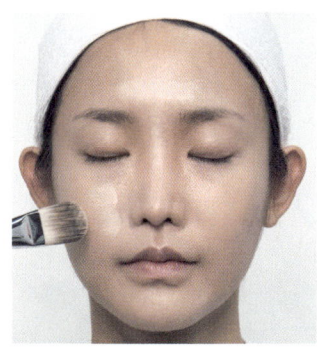 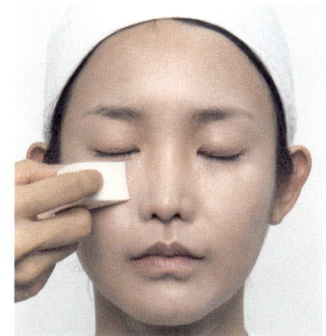

6. 하이라이트컬러를 브러시로 T존, 앞볼 등 순으로 도포하고 스펀지로 밀착이 될 수 있게 펴 발라준다.

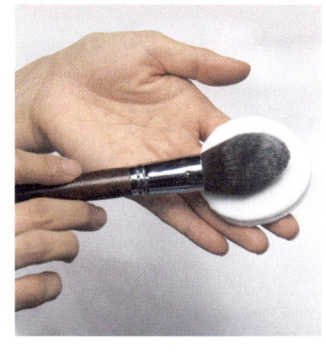  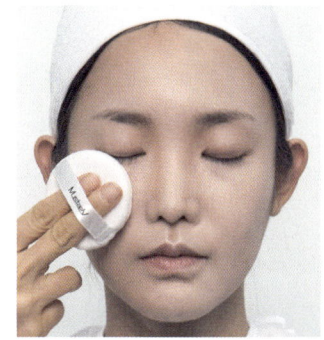

7. 파우더 브러시를 이용하여 파우더를 분첩에 적당량 덜어내어 얼굴 전체에 꼼꼼히 바른 후 매트한 피부표현을 위해 분첩으로 한번 더 두드리듯 눌러주어 마무리한다. 이때 처음부터 분첩으로 파우더를 바로 바르게 되면 양 조절이 되지 않아 파우더가 뭉쳐질 수 있고 뭉쳐진 파우더는 펴 바르기 쉽지 않기 때문에 브러시로 먼저 하는 것을 추천한다.

8. 파우더 타입의 섀딩과 하이라이트로 윤곽을 수정해준다.

마. 눈썹은 브라운 색의 양미간이 좁지 않은 각진 눈썹으로 표현하시오.

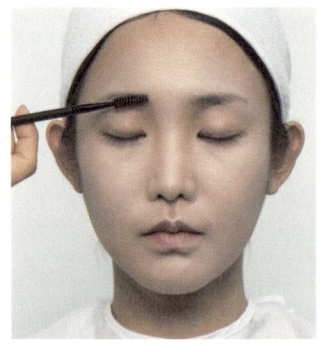  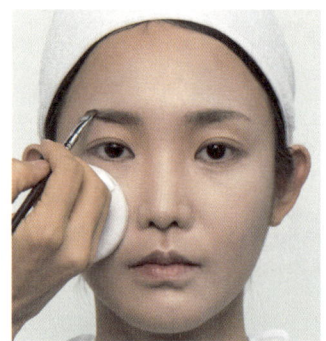

9. 스크류 브러시로 눈썹의 결을 정돈한 다음 브라운색 펜슬로 눈썹 산이 각지게 가이드를 그려준다. 브라운색 섀도우로 각진 눈썹 형태가 되도록 마무리한다. 이때 문제에 제시된 바와 같이 양미간이 좁지 않게 표현하도록 주의한다.

<u>10</u>. 눈썹 앞머리와 노즈섀딩을 연결하여 눈썹이 두드러져 보이지 않게 표현한다.

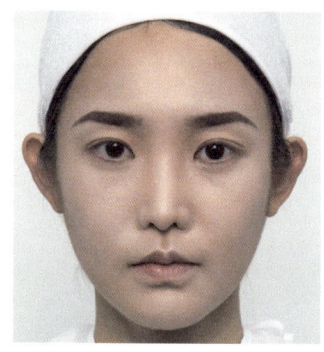
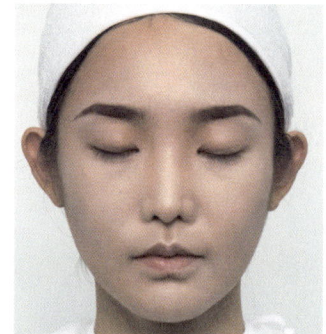

<u>11</u>. 눈썹 완성

바. 아이섀도우는 모델의 눈두덩이를 중심으로 핑크와 베이지 계열의 컬러를 이용하여 아이홀을 표현하고 그라데이션하시오.

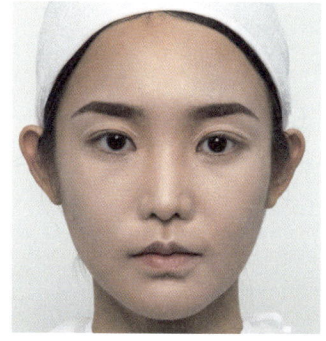

<u>12</u>. 아이홀은 눈을 뜬 상태로 눈 앞머리부터 눈 꼬리까지 아이라인을 따라 같은 두께로 가이드를 그려준다. 이 때 화이트 펜슬로 가이드를 잡아주는 것을 추천한다.

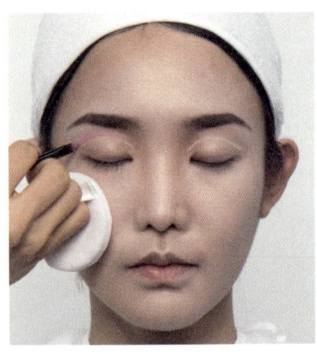

13. 핑크색 섀도우를 아이홀 라인 위쪽으로 그라데이션한다.

14. 아이홀 라인을 따라 브라운색 섀도우로 좁게 그라데이션해준다. 이때 길이가 짧고 작은 브러시를 90도 이상 세워 그려야 라인형태로 표현하기 쉽다.

사. 아이홀 안 쪽 눈꺼풀에 화이트 색상으로 입체감을 주고 언더에는 베이지 계열의 섀도우를 바르시오.

15. 아이홀 라인 안쪽 눈두덩이에 펄이 없는 화이트 섀도우를 짙게 바른다.

 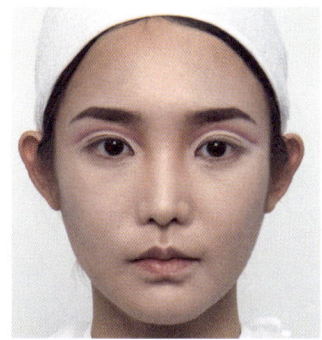

16. 베이지색 또는 연한 브라운 색 섀도우로 언더에 발라준다.

아. 아이라인은 속눈썹 사이를 메워 그리고 도면과 같이 아이라인을 길게 뺀 형태의 눈매를 표현하시오.

17. 모델의 눈두덩이를 들어올려야 할 경우 손을 데지 마시고 면봉을 사용한다. 인조 속눈썹을 붙인 위로 아이라인이 보여야 하므로 고려하여 두께감이 있게 블랙 아이라인을 그린다. 길이는 아이홀까지 닿을 듯 길게 상승형으로 그려준다.

자. 뷰러를 이용하여 자연 속눈썹을 컬링하시오.

<u>18</u>. 모델의 눈두덩이를 들어올려야 할 경우 손을 데지 마시고 면봉을 사용하며 뷰러는 사용 후 바로 소독제를 뿌린 미용솜(탈지면)으로 닦아 제자리에 둔다.

차. 인조 속눈썹은 모델의 눈보다 길게 뒤로 빼서 붙여주고 깊고 그윽한 눈매를 표현하시오.

<u>19</u>. 인조 속눈썹은 모델의 눈 길이보다 길어야 하며 뒤쪽 속눈썹이 길어 보이는 형태로 자른다. 인조 속눈썹 접착제는 튜브타입보다는 브러시가 부착되어있는 제품이 쉽고 편하게 사용할 수 있다.

<u>20</u>. 인조속눈썹을 부착할 때는 눈 앞머리에 바짝 붙일 경우 눈을 찌르게 되므로 3mm 정도 뒤로 붙이고 접착제가 마르기 전에 모델이 눈을 뜨지 않게 한다.

21. 깊고 그윽한 눈매를 연출하기 위해 마스카라를 적당량 바른 후 마르기 전에 눈을 뜨지 않게 한다. 면봉은 여러 번 재사용 할 경우 위생점수에 감점이 될 수도 있으니 한번 사용한 후 바로 버린다.

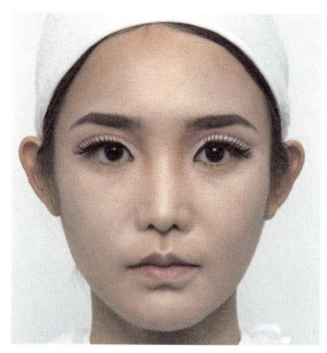 

22. 아이메이크업 완성

카. 치크는 핑크톤으로 광대뼈보다 아래쪽에서 구각을 향해 사선으로 바르시오.

 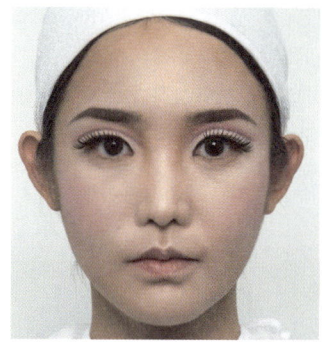

23. 핑크색을 브러시에 묻힌 뒤 바로 볼에 바를 경우 얼룩질 수 있으므로 타월 위 미용티슈에서 양 조절 및 발색을 확인하고 광대뼈 아래 외곽 쪽에서 터치하며 입술 쪽으로 그라데이션 한다.

타. 적당한 유분기를 가진 레드 립컬러를 아웃커브 형태로 바르시오.

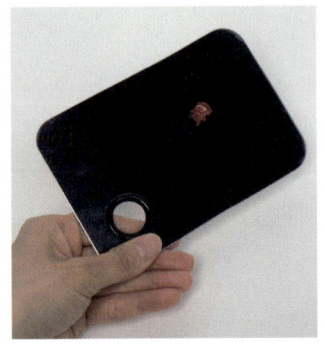  

24. 레드색의 립제품을 입술 산부터 시작해서 구각 등 입술 라인을 따라서 선명하게 바른다. 심사 시 좋은 점수를 받을 수 있도록 아웃커브 형태 표현에 주의 한다. 선명한 립메이크업 연출을 위해 컨실러로 입술라인을 정리한다. 이때 쉽고 빠른 진행을 위해 펜슬타입의 컨실러를 추천한다.

파. 도면과 같이 마릴린 먼로의 개성이 돋보이는 점을 그리시오.

25. 마릴린 먼로의 점 위치는 모델의 왼쪽 동공에서 아래로 연장하고 인중의 중간에서 연장하여 만나는 지점에 크진 않지만 선명하게 찍어준다. 이때 정확하게 표현되지 않는 펜슬타입보다는 붓펜 또는 리퀴드 아이라이너를 추천한다.

완성모습

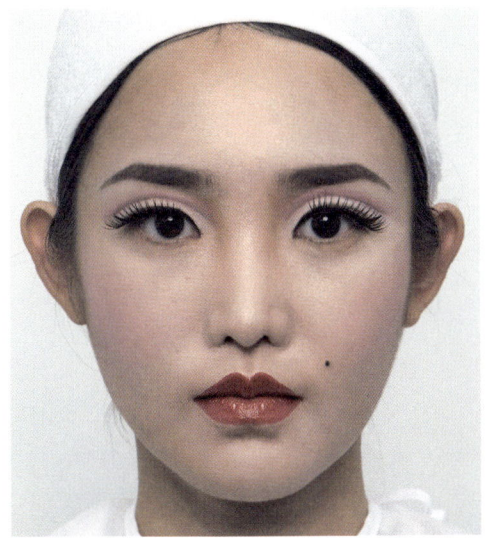

정면

측면

3. 트위기 과제

자격종목	미용사(메이크업)	과제명	시대메이크업 (트위기)	시험시간	40분

1) 요구사항 (2과제)

+ 지참재료 및 도구를 사용하여 아래의 요구사항에 따라 시대메이크업(트위기)을 시험시간 내에 완성하시오.

가. 과제를 수행하기 전 수험자의 손 및 도구류를 소독한 후 제시된 도면을 참고하여 시대메이크업(트위기) 스타일을 연출하시오.

나. 모델의 피부톤에 적합한 메이크업베이스를 선택하여 얇고 고르게 펴 바르시오.

다. 베이스 메이크업은 모델 피부색과 비슷한 리퀴드 또는 크림 파운데이션을 사용하시오.

라. 파운데이션은 두껍지 않게 골고루 펴 바르며 파우더를 사용하여 마무리하시오.

마. 눈썹의 표현은 도면과 같이 자연스러운 브라운 컬러로 눈썹 산을 강조하여 그리시오.

바. 아이섀도우는 화이트 베이스 컬러와 핑크, 네이비, 그레이, 어두운 청색 등을 사용하여 인위적인 쌍꺼풀 라인을 표현하시오.

사. 쌍꺼풀 라인과 아이라인의 선이 선명하도록 강조하여 그라데이션 하고 화이트로 쌍꺼풀 안쪽 및 눈썹 아래 부위를 하이라이트 하시오.

아. 아이라인은 선명하게 그리고 도면과 같이 눈매를 교정하시오.

자. 뷰러를 이용하여 자연 속눈썹을 컬링한 후 마스카라를 바르고 인조 속눈썹을 붙여 눈매를 강조하시오.

차. 도면과 같이 과장된 속눈썹 표현을 위해 언더 속눈썹에 마스카라를 한 후 아이라이너를 사용하여 그리거나 인조 속눈썹을 붙여 표현하시오.

카. 치크는 핑크 및 라이트브라운색으로 애플 존 위치에 둥근 느낌으로 바르시오.

타. 베이지핑크색의 립 컬러를 자연스럽게 발라 마무리하시오.

스케치해보기

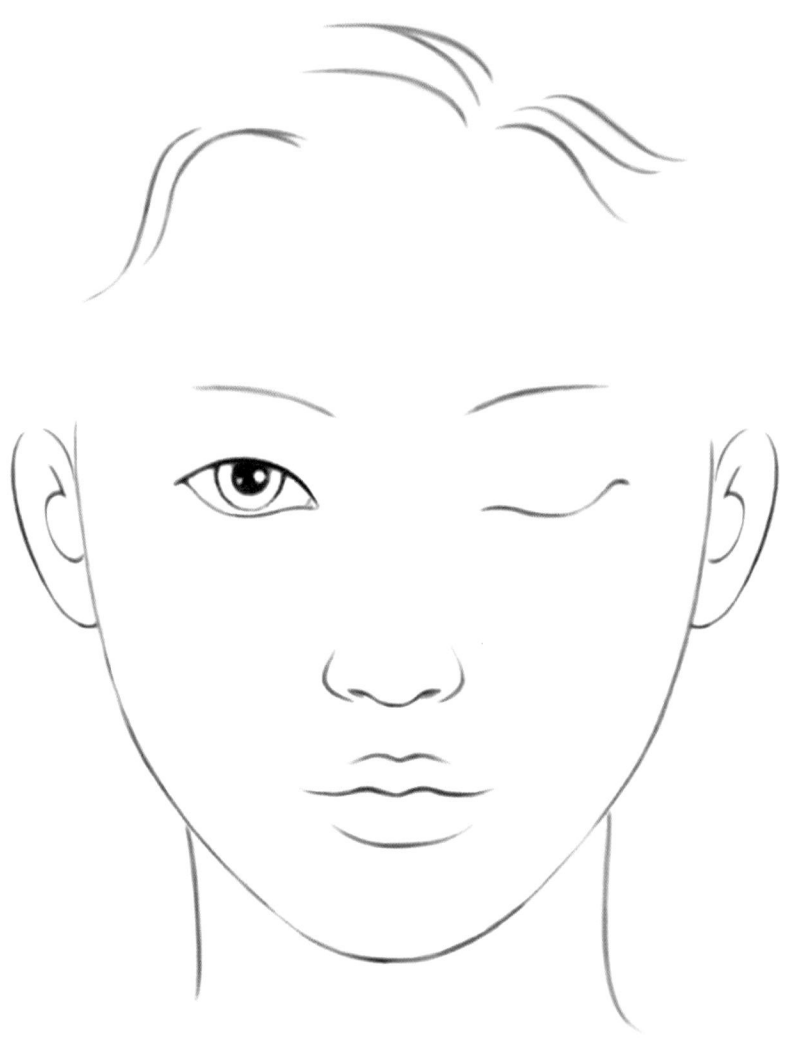

스케치해보기

 TIP

메이크업 제품과 색연필을 이용하여 먼저 스케치해보면 이론적으로 과제를 이해하는 데 도움이 됩니다.

자격종목	미용사(메이크업)	과제명	시대메이크업 (트위기)	시험시간	40분

2) 수험자 유의사항

① 모델은 문신(눈썹, 아이라인, 입술 등), 속눈썹 연장 및 메이크업이 되어 있지 않은 상태여야 합니다.

② 스파출라, 속눈썹 가위, 족집게, 눈썹칼 등의 도구류를 사용 전 소독제로 소독해야 합니다.

③ 메이크업 베이스, 파운데이션을 펴 바를 때 스펀지 퍼프 또는 브러시를 사용하시오.

④ 아이섀도우, 치크, 립 등의 표현 시 브러시 등 적합한 도구를 사용하시오.

⑤ 화장품은 요구사항에 지정된 제형 외에는 타입에 상관없이 자유롭게 사용하시오.

3) 메이크업 과정

가. 과제를 수행하기 전 수험자의 손 및 도구류를 소독한 후 제시된 도면을 참고하여 시대메이크업(트위기) 스타일을 연출하시오.

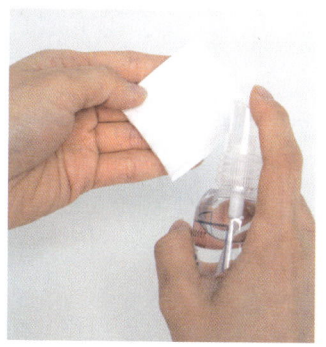
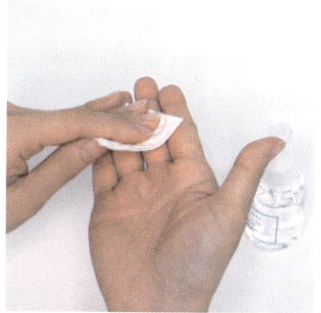

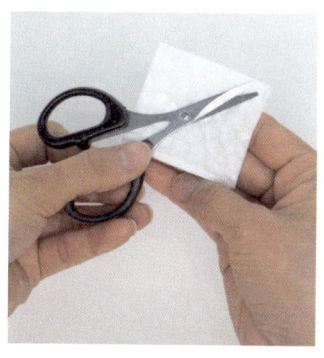

<u>1</u>. 소독제를 화장솜에 분사하여 손 및 철제도구 등 순서대로 소독한다. 이때, 소독제 분사방향이 모델, 제품 또는 다른 수험자를 향하면 감점이 될 수 있으니 바닥 또는 위생봉투를 향하도록 한다.

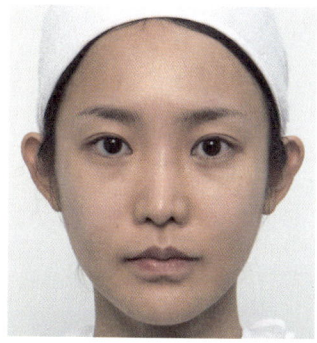

<u>2</u>. 모델은 문신(눈썹, 아이라인 등), 속눈썹 연장이 되어 있지 않아야 하며 뷰러 등을 미리 하지 않은 민낯으로 헤어터번과 어깨보를 착용한 상태여야 한다.

나. 모델의 피부톤에 적합한 메이크업베이스를 선택하여 얇고 고르게 펴 바르시오.

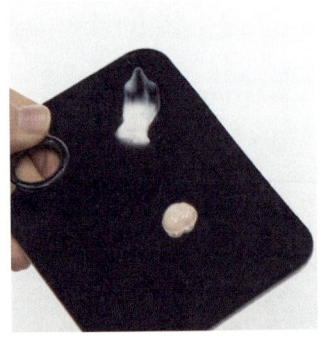 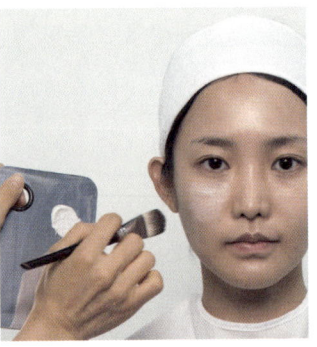

3. 믹싱팔레트에 메이크업베이스와 리퀴드파운데이션을 덜어준다.

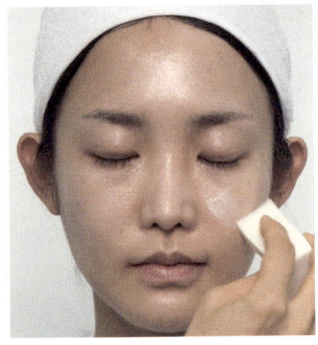

4. 브러시 또는 퍼프로 볼, 이마 등 넓은 부위부터 눈 주변, 코, 입 등 좁은 부위의 순으로 펴 바른다.

다. 베이스 메이크업은 모델 피부색과 비슷한 리퀴드 또는 크림 파운데이션을 사용하시오.

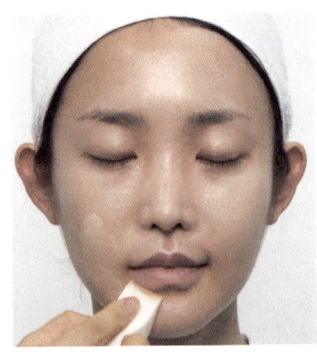 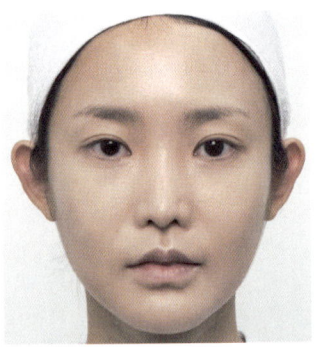

4. 모델의 피부와 비슷한 컬러의 리퀴드파운데이션을 스펀지로 패팅과 슬라이딩기법으로 펴 바른다. 파운데이션 제형은 리퀴드 또는 크림 파운데이션으로 제시가 되어 있기 때문에 반드시 두 가지 타입 중 선택하여 사용해야 한다. 이때 자연스러운 피부 메이크업 연출을 위해 리퀴드 파운데이션을 권장하지만 잡티 등의 커버가 필요한 피부 상태라면 크림 파운데이션을 추천한다.

라. 파운데이션은 두껍지 않게 골고루 펴 바르며 파우더를 사용하여 마무리하시오.

  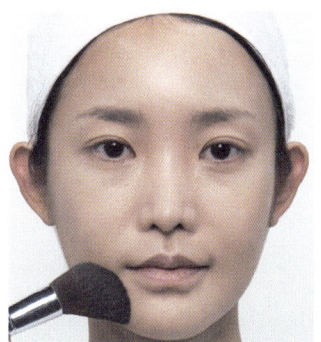

5. 파우더 브러시를 이용하여 소량의 파우더를 분첩에 덜어낸 후 양 조절하고 얼굴 전체에 가볍게 발라준다.

6. 제시된 문제 요구사항에는 없지만 자연스러운 연출을 위해 파우더 타입의 섀딩과 하이라이트로 가볍게 윤곽을 수정해준다.

마. 눈썹의 표현은 도면과 같이 자연스러운 브라운 컬러로 눈썹산을 강조하여 그리시오.

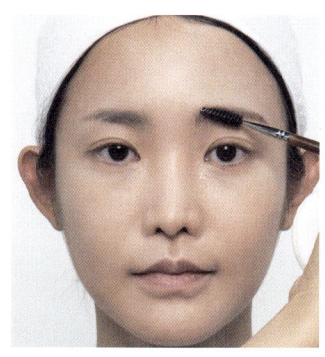 

7. 스크류 브러시로 눈썹의 결을 정돈한다. 자연스러운 브라운 눈썹 연출을 위해 브라운색 섀도우로 모델의 눈썹 모양에 맞추어 눈썹 산을 강조될 수 있게 그려준다.

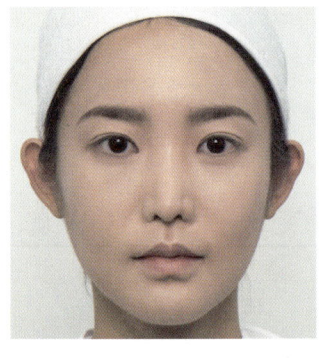 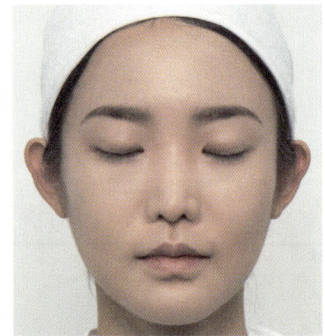

8. 눈썹완성

바. 아이섀도우는 화이트 베이스 컬러와 핑크, 네이비, 그레이, 어두운 청색 등을 사용하여 인위적인 쌍꺼풀 라인을 표현하시오.

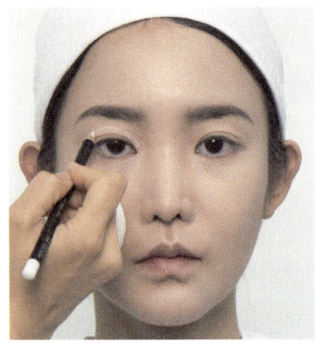 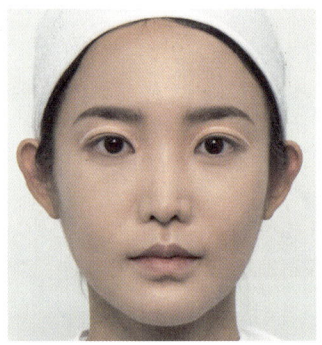

9. 아이홀은 눈을 뜬 상태로 눈 앞머리부터 눈 꼬리까지 아이라인을 따라 같은 두께로 인위적인 표현을 위해 다소 둥근 느낌으로 가이드를 잡아준다. 이때 화이트 펜슬로 그리는 것을 추천한다.

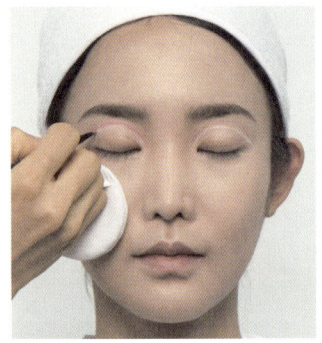 

10. 핑크색 섀도우를 아이홀 라인 위쪽으로 그라데이션 한다. 아이홀 라인 안쪽 눈두덩이에 펄이 없는 화이트 섀도우를 짙게 바르면 보다 선명하게 핑크색이 연출된다.

11. 아이홀 라인 위쪽으로 가늘게 네이비 색 섀도우로 좁게 그라데이션해준다. 이때 길이가 짧고 작은 브러시를 90도 이상 세워 그려야 라인형태로 표현하기 쉽다.

12. 아이홀 라인 위쪽으로 더욱 가늘게 그레이 색 섀도우로 좁게 그라데이션해준다. 이때 길이가 짧고 작은 브러시를 90도 이상 세워 그려야 라인형태로 표현하기 쉽다.

사. 쌍커풀 라인과 아이라인의 선이 선명하도록 강조하여 그라데이션하고 화이트로 쌍꺼풀 안쪽 및 눈썹 아래 부위를 하이라이트 하시오.

13. 눈썹 뼈 하이라이트 부분과 아이홀 라인 안쪽 눈두덩이에 펄이 없는 화이트 섀도우를 짙게 발라 인위적인 쌍꺼풀이 연출되도록 한다. 이때 선명한 화이트가 표현되도록 여러 번 덧바른다.

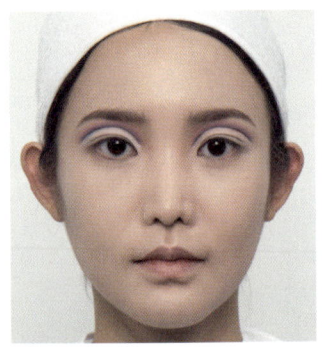

14. 아이홀 완성

아. 아이라인은 선명하게 그리고 도면과 같이 눈매를 교정하시오.

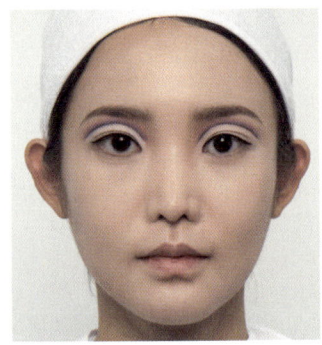

15. 모델의 눈두덩이를 들어올려야 할 경우 손을 데지 마시고 면봉을 사용한다. 인조 속눈썹을 붙인 위로 아이라인이 보여야 하므로 미리 고려하여 두께감이 있게 길이는 아이홀까지 닿지 않게 블랙 아이라인을 그린다.

자. 뷰러를 이용하여 자연 속눈썹을 컬링한 후 마스카라를 바르고 인조 속눈썹을 붙여 눈매를 강조하시오.

16. 모델의 눈두덩이를 들어올려야 할 경우 손을 데지 마시고 면봉을 사용하며 뷰러는 사용 후 바로 소독제를 뿌린 미용솜(탈지면)으로 닦아 제자리에 둔다.

<u>17</u>. 마스카라를 적당량 바른 후 마르기 전에 눈을 뜨지 않게 한다. 면봉은 여러 번 재사용 할 경우 위생점수에 감점이 될 수도 있으니 한번 사용한 후 바로 버린다.

<u>18</u>. 인조 속눈썹 길이를 모델의 눈 길이에 맞추어 자른다. 인조 속눈썹 접착제는 튜브타입보다는 브러시가 부착되어있는 제품이 쉽고 편하게 사용할 수 있다.

 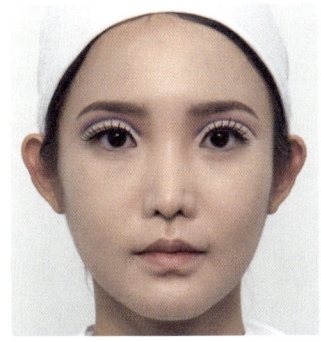

<u>19</u>. 인조속눈썹을 부착할 때는 눈 앞머리에 바짝 붙일 경우 눈을 찌르게 되므로 3mm 정도 뒤로 붙이고 접착제가 마르기 전에 모델이 눈을 뜨지 않게 한다.

차. 도면과 같이 과장된 속눈썹 표현을 위해 언더 속눈썹에 마스카라를 한 후 아이라이너를 사용하여 그리거나 인조 속눈썹을 붙여 표현하시오.

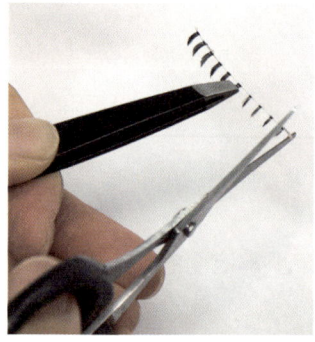 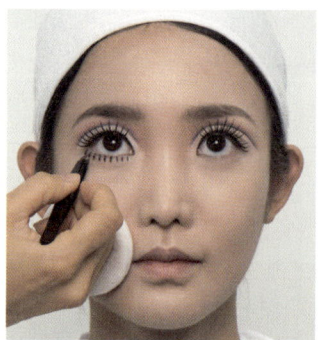

20. 언더 속눈썹에도 적당량 마스카라를 한 후 언더 용 인조 속눈썹 길이를 모델의 눈 길이에 맞추어 잘라 붙인다.

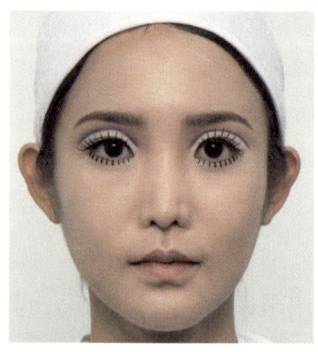 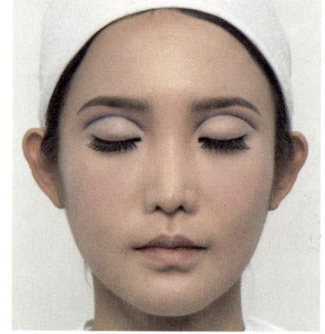

21. 아이메이크업 완성

카. 치크는 핑크 및 라이트브라운색으로 애플 존 위치에 둥근 느낌으로 바르시오.

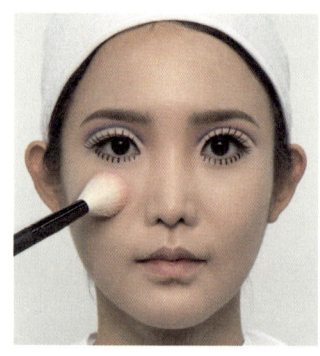 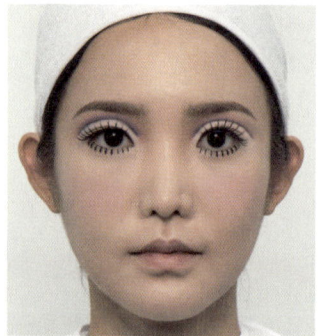

22. 베이지와 핑크색의 컬러를 브러시에 묻히고 바로 볼에 바를 경우 얼룩질 수 있으므로 타월 위 미용티슈에서 양조절 및 발색을 확인한 후 앞볼에 둥글게 바른다.

타. 베이지핑크색의 립컬러를 자연스럽게 발라 마무리하시오.

23. 베이지핑크색 립제품이 없다면 베이지색과 핑크색의 립제품을 믹싱팔레트에 덜어 브러시로 믹스한 다음 입술 전체에 자연스럽게 발색한다. 심사 시 좋은 점수를 받을 수 있도록 너무 두드러지지 않게 신경 써 주어야 한다.

완성모습

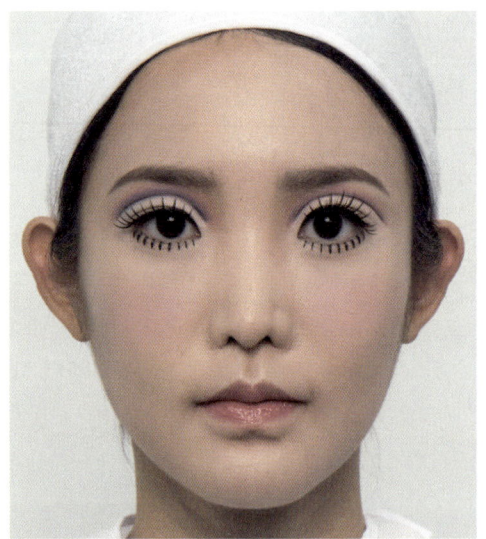

정면

측면

4. 펑크 과제

자격종목	미용사(메이크업)	과제명	시대메이크업 (펑크)	시험시간	40분

1) 요구사항 (2과제)

+ 지참재료 및 도구를 사용하여 아래의 요구사항에 따라 시대메이크업(펑크)을 시험시간 내에 완성하시오.

가. 과제를 수행하기 전 수험자의 손 및 도구류를 소독한 후 제시된 도면을 참고하여 시대메이크업(펑크) 스타일을 연출하시오.

나. 모델의 피부톤에 적합한 메이크업베이스를 선택하여 얇고 고르게 펴 바르시오.

다. 베이스 메이크업은 크림 파운데이션을 사용하여 창백하게 피부 표현하시오.

라. 피부의 결점 등을 커버하기 위하여 컨실러 등을 사용할 수 있으며 파우더를 이용하여 매트하게 표현하시오.

마. 눈썹은 도면과 같이 눈썹의 결을 강조하여 짙고 강하게 그리시오.

바. 아이섀도우의 표현은 화이트, 베이지, 그레이. 블랙 등의 컬러를 이용하여 아이홀을 강하게 표현하시오.

사. 아이홀은 눈 꼬리에서 앞머리 쪽으로 그리고 아이홀의 눈꼬리 1/3 부분을 검정색 아이섀도우나 아이라이너를 이용하여 채우고 도면과 같이 그라데이션 하시오.

아. 아이라인은 검정색을 이용하여 3개의 라인을 아이홀 라인의 바깥쪽으로 과장되게 그려 도면과 같이 표현하시오.

자. 언더라인은 위쪽 라인까지 연결하여 강하게 표현하시오.

차. 속눈썹은 뷰러를 이용하여 자연 속눈썹을 컬링한 후 마스카라를 바르고 모델의 눈에 맞게 인조 속눈썹을 붙이시오.

카. 치크는 레드브라운색으로 얼굴 앞쪽을 향하여 사선으로 선을 그리듯 강하게 바르시오.

타. 립은 검붉은 색을 이용하여 펴 바르고 입술라인을 선명하게 표현하시오.

스케치해보기

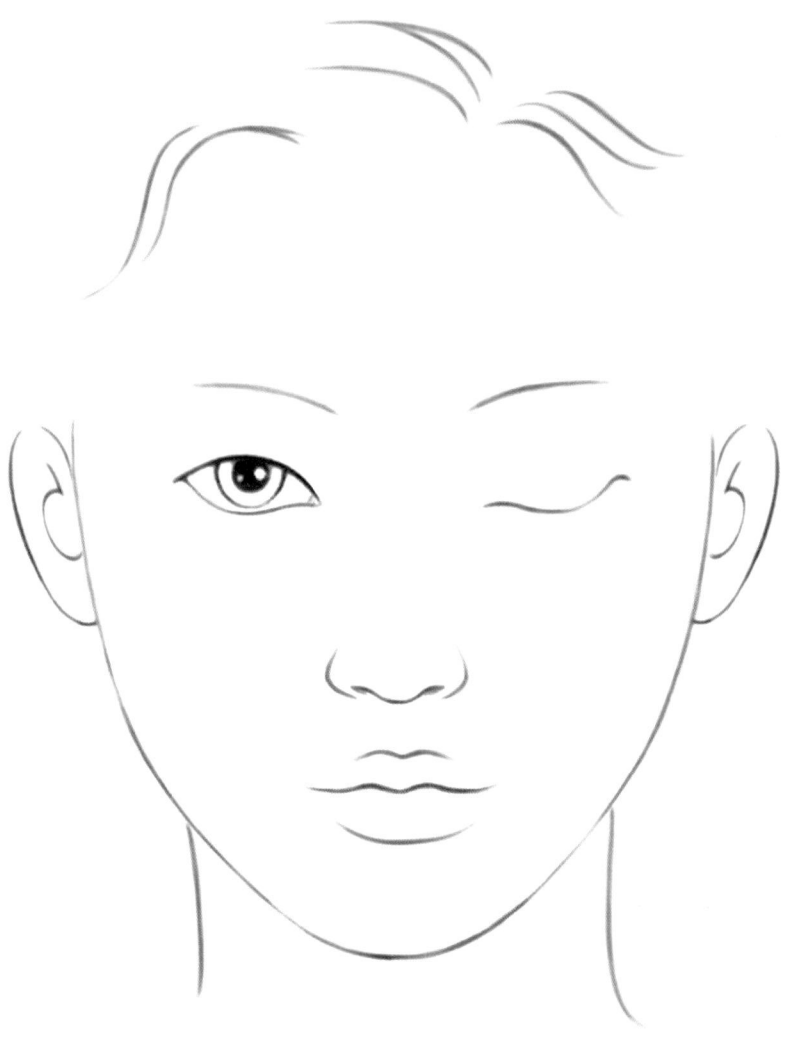

스케치해보기

> 💡 **TIP**
>
> 메이크업 제품과 색연필을 이용하여 먼저 스케치해보면 이론적으로 과제를 이해하는 데 도움이 됩니다.

| 자격종목 | 미용사(메이크업) | 과제명 | 시대메이크업
(펑크) | 시험시간 | 40분 |

2) 수험자 유의사항

① 모델은 문신(눈썹, 아이라인, 입술 등), 속눈썹 연장 및 메이크업이 되어 있지 않은 상태여야 합니다.

② 스파츌라, 속눈썹 가위, 족집게, 눈썹칼 등의 도구류를 사용 전 소독제로 소독해야 합니다.

③ 메이크업 베이스, 파운데이션을 펴 바를 때 스펀지 퍼프 또는 브러시를 사용하시오.

④ 아이섀도우, 치크, 립 등의 표현 시 브러시 등 적합한 도구를 사용하시오.

⑤ 화장품은 요구사항에 지정된 제형 외에는 타입에 상관없이 자유롭게 사용하시오.

3) 메이크업 과정

가. 과제를 수행하기 전 수험자의 손 및 도구류를 소독한 후 제시된 도면을 참고하여 시대메이크업(펑크) 스타일을 연출하시오.

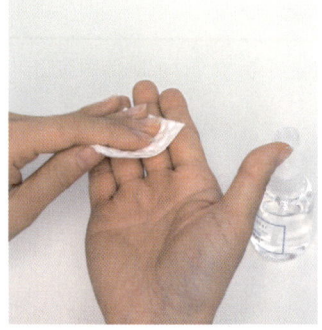

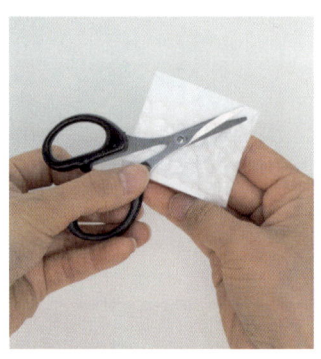

<u>1</u>. 소독제를 미용솜(탈지면)에 분사하여 손 및 철제도구 등 순서대로 소독한다. 이때, 소독제 분사방향이 모델, 제품 또는 다른 수험자를 향하면 감점이 될 수 있으니 바닥 또는 위생봉투를 향하도록 한다.

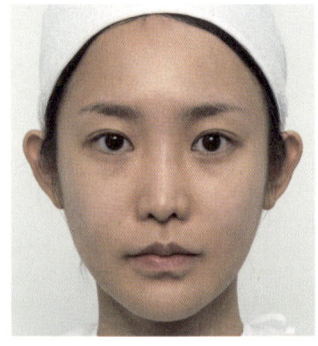

<u>2</u>. 모델은 문신(눈썹, 아이라인 등), 속눈썹 연장이 되어 있지 않아야 하며 뷰러 등을 미리 하지 않은 민낯으로 헤어터번과 어깨보를 착용한 상태여야 한다.

나. 모델의 피부톤에 적합한 메이크업베이스를 선택하여 얇고 고르게 펴 바르시오.

 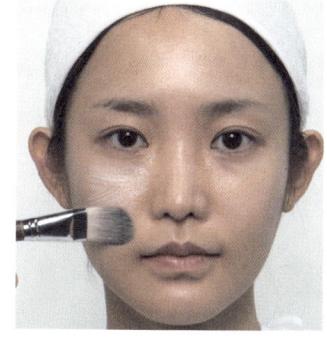 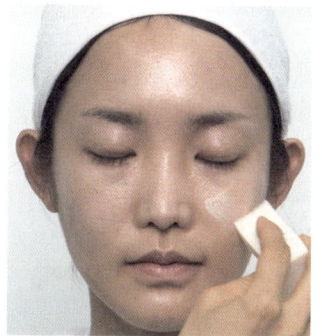

3. 믹싱팔레트에 메이크업베이스를 덜어 브러시 또는 퍼프로 볼, 이마 등 넓은 부위부터 눈주변, 코, 입 등 좁은 부위의 순으로 펴 바른다.

다. 베이스 메이크업은 크림 파운데이션을 사용하여 창백하게 피부 표현하시오.

 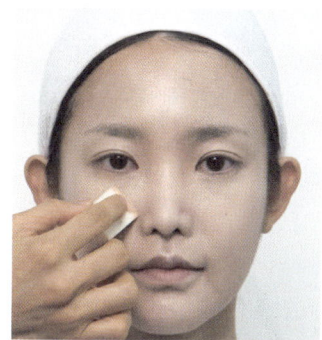

4. 제시되어 있는 바와 같이 모델의 피부 톤에서 창백할 정도의 밝은 톤의 크림 파운데이션을 믹싱팔레트에 덜고 스펀지를 이용하여 패팅과 슬라이딩기법으로 펴 바른다. 이때 윤곽 수정에 대한 제시가 없기 때문에 따로 섀딩과 하이라이트는 하지 않아도 되지만 밝은 톤으로 얼굴 전체를 균일하게 바르면 다소 평면적이고 과해 보일 수 있으므로 섀딩영역에는 파운데이션의 양을 그라데이션 하여 얇게 펴 바른다.

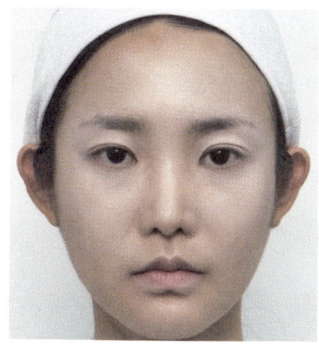

5. 베이스 메이크업 완성

라. 피부의 결점 등을 커버하기 위하여 컨실러 등을 사용할 수 있으며 파우더를 이용하여 매트하게 표현하시오.

 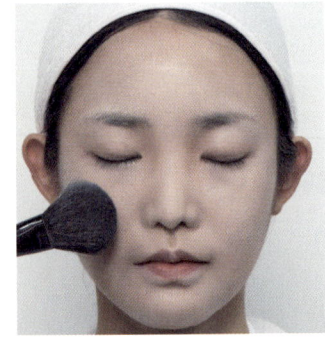 

6. 파우더 브러시를 이용하여 파우더를 분첩에 적당량 덜어내어 얼굴 전체에 꼼꼼히 바른 후 매트한 피부표현을 위해 분첩으로 한번 더 두드리듯 눌러주어 마무리한다. 이때 처음부터 분첩으로 파우더를 바르게 되면 양 조절이 되지 않아 파우더가 뭉쳐질 수 있고 뭉쳐진 파우더는 펴 바르기 쉽지 않기 때문에 브러시로 먼저 바르는 것을 추천한다.

*생각보다 많은 양의 파우더를 사용하여 피부를 다소 매트하게 해야 진한색의 섀도우 가루 날림을 쉽게 털어낼 수 있다.

마. 눈썹은 도면과 같이 눈썹의 결을 강조하여 짙고 강하게 그리시오.

7. 블랙 펜슬로 눈썹 앞머리부터 중앙 부분까지 눈썹의 결을 그리고 상승형이 되도록 가이드를 잡아준다. 블랙 섀도우로 짙고 강하게 눈썹결을 강조한 형태가 되도록 마무리한다. 이때 한올 한올 눈썹의 결을 표현해야 하므로 펜슬이 뾰족하게 깎여있는지 확인한다.

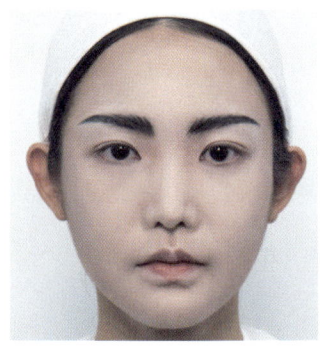 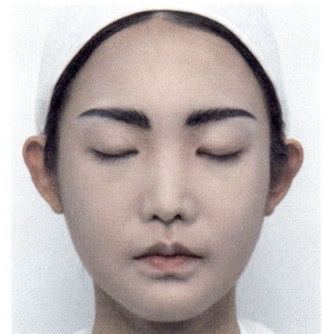

8. 눈썹 완성

9. 눈썹 앞머리와 노즈섀딩을 연결하여 눈썹이 두드러져 보이지 않게 표현한다. 눈썹 뼈와 T존에 하이라이트 처리하여 입체감 있게 표현한다.

바. 아이섀도우의 표현은 화이트, 베이지, 그레이. 블랙 등의 컬러를 이용하여 아이홀을 강하게 표현하시오.

10. 아이홀은 눈을 뜬 상태로 눈 앞머리부터 눈꼬리까지 아이라인을 따라 같은 두께로 그리고 눈꼬리에서 길게 곡선을 그리며 상승형 아이라인과 연결되는 느낌으로 가이드를 잡아준다. 이때 화이트 펜슬로 그리는 것을 추천한다.

<u>11</u>. 아이홀 라인 안쪽 눈두덩이에 펄이 없는 화이트 섀도우를 짙게 바른다.

 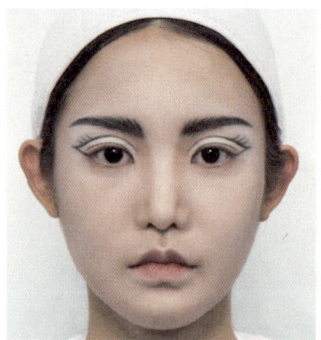

<u>12</u>. 블랙 펜슬로 아이홀 라인과 상승형 아이라인 및 아이라인 위로 그리게 되는 3개의 라인까지 가이드를 잡아 준다. 이때 3개의 라인은 나중에 그려도 되지만 미리 가이드를 하면 전체 아이메이크업을 비교적 빠르게 진행할 수 있다. 3개의 라인을 나중에 그릴 경우 미처 생각을 못하여 미작으로 마무리하게 되는 경우가 있으니 주의하여야 한다.

사. 아이홀은 눈 꼬리에서 앞머리 쪽으로 그리고 아이홀의 눈꼬리 1/3 부분을 검정색 아이섀도우나 아이라이너를 이용하여 채우고 도면과 같이 그라데이션 하시오.

13. 눈꼬리부터 1/3부분까지 블랙 섀도우로 채우고 베이지 섀도우와 그라데이션 해준다. 아이홀 라인을 그릴 때 길이가 짧고 작은 브러시를 90도 이상 세워 그려야 라인형태로 표현하기 쉽다.

14. 블랙 등 진한 색의 섀도우는 가루가 조금만 날려도 눈 밑이 검게 연출 되므로 많은 양을 한 번에 올리지 말고 적당량을 여러 번 덧발라 불필요한 수정사항이 생기지 않게 한다. 이때 언더에 섀도우가 떨어졌다면 팬 브러시로 털어내거나 하이라이트용 브러시에 화이트 섀도우를 묻혀 털어내는 것을 추천한다.

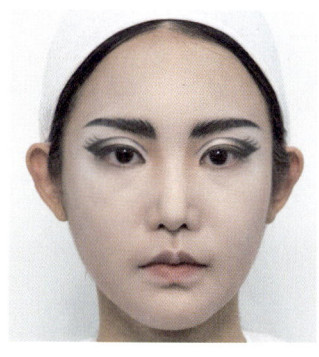

15. 아이홀 완성

아. 아이라인은 검정색을 이용하여 3개의 라인을 아이홀 라인의 바깥쪽으로 과장되게 그려 도면과 같이 표현하시오.

16. 강하고 과장된 표현을 위해 블랙 젤 라이너로 아이홀 라인과 길게 뺀 상승형 아이라인 및 아이라인 위로 그리게 되는 3개의 라인까지 연결하여 그린다.

자. 언더라인은 위쪽 라인까지 연결하여 강하게 표현하시오.

17. 젤라이너로 언더라인까지 그리고 난 후 눈을 뜬 상태로 눈 앞머리 라인을 빼준다. 아이라이너로 그린 부분에 블랙 섀도우를 덧발라 전체적으로 잘 연결될 수 있게 한다.

차. 속눈썹은 뷰러를 이용하여 자연 속눈썹을 컬링한 후 마스카라를 바르고 모델의 눈에 맞게 인조 속눈썹을 붙이시오.

<u>18</u>. 모델의 눈두덩이를 들어올려야 할 경우 손을 대지 마시고 면봉을 사용하며 뷰러는 사용 후 바로 소독제를 뿌린 미용솜(탈지면)으로 닦아 제자리에 둔다.

<u>19</u>. 마스카라를 적당량 바르고 마르기 전에 눈을 뜨지 않게 한다. 면봉은 여러 번 재사용 할 경우 위생점수에 감점이 될 수도 있으니 한번 사용한 후 바로 버린다.

20. 인조 속눈썹 길이를 모델의 눈 길이에 맞추어 자른다. 인조 속눈썹 접착제는 튜브타입보다는 브러시가 부착되어있는 제품이 쉽고 편하게 사용할 수 있다.

21. 인조속눈썹을 부착할 때는 눈 앞머리에 바짝 붙일 경우 눈을 찌르게 되므로 3mm 정도 뒤로 붙이고 접착제가 마르기 전에 모델이 눈을 뜨지 않게 한다.

22. 아이메이크업 완성

카. 치크는 레드브라운색으로 얼굴 앞쪽을 향하여 사선으로 선을 그리듯 강하게 바르시오.

23. 레드브라운 컬러를 브러시에 묻힌 뒤 바로 볼에 바를 경우 얼룩질 수 있으므로 타월 위 미용티슈에서 양 조절 및 발색 확인한 후 광대뼈 외곽 쪽에서 입술쪽으로 터치하며 그라데이션 한다.

타. 립은 검붉은 색을 이용하여 펴 바르고 입술라인을 선명하게 표현하시오.

24. 선명한 입술라인을 표현하기 위해 컨실러로 입술라인 바깥쪽을 정리한다. 이때 쉽고 빠른 진행을 위해 펜슬 타입의 컨실러를 추천한다.

<u>25</u>. 검붉은색 립 제품을 믹싱팔레트에 덜어 브러시로 믹스한 다음 입술 산부터 시작해서 구각 등 입술 라인을 따라서 바른다. 뾰족한 입술산과 선명한 라인표현에 신경 써 주어야 한다.

완성모습

정면

측면

미용사 메이크업 실기
Make-up

CHAPTER 09 [3과제] 캐릭터 메이크업

| 시간 | 50분 | 배점 | 25점 | 척도 | NS |

준비물

- 소독 및 위생도구 : 위생가운, 어깨보, 헤어터번, 타월, 스프레이형 소독제, 미용솜, 미용솜 용기, 면봉, 면봉용기, 미용티슈, 위생봉투, 물티슈
- 피부메이크업 제품 : 메이크업베이스, 리퀴드파운데이션, 크림파운데이션, 루즈파우더, 핑크파우더, 컨실러
- 색조메이크업 제품 : 아이섀도우팔레트, 립팔레트, 아이라이너, 마스카라, 아이메이크업펜슬, 립라이너펜슬, 인조속눈썹, 속눈썹 접착제, 볼터치, 립글로즈
- 기타도구 : 브러시세트, 브러시용기, 메이크업 믹싱팔레트, 눈썹칼, 눈썹가위, 철제도구용기, 파운데이션 퍼프, 퍼프용기, 분첩, 뷰러, 족집게 등

심사기준

사전심사 : 2점	소독 : 3점	베이스 : 3점
눈썹 : 3점	눈 : 6점	볼터치 : 3점
입술 : 3점	완성도 : 4점	총 25점

1. 레오파드 과제

자격종목	미용사(메이크업)	과제명	캐릭터메이크업 (레오파드)	시험시간	50분

1) 요구사항 (3과제)

+ 지참재료 및 도구를 사용하여 아래의 요구사항에 따라 캐릭터메이크업(레오파드)을 시험시간 내에 완성하시오.

가. 과제를 수행하기 전 수험자의 손 및 도구류를 소독한 후 제시된 도면을 참고하여 캐릭터메이크업(레오파드) 스타일을 연출하시오.

나. 모델의 피부톤에 맞는 메이크업베이스를 바르시오.

다. 피부톤보다 밝은색 파운데이션을 이용하여 바른 후 파우더로 마무리 하시오.

라. 옐로, 오렌지, 브라운색의 아쿠아 컬러나 아이섀도우 등을 사용하여 도면과 같이 조화롭게 그라데이션을 하시오.

마. 아이홀 부위는 도면과 같이 흰색으로 뚜렷하게 표현하고 검정색 아이라이너, 아쿠아 컬러 등으로 눈꺼풀 위와 눈 밑 언더라인의 트임을 표현하시오.

바. 레오파드 무늬는 아쿠아 컬러나 아이라이너 등을 사용하여 선명하고 점진적으로 표현하시오.

사. 인조속눈썹을 사용하여 길고 날카로운 눈매를 표현하시오.

아. 도면과 같이 언더라인은 아이라이너를 사용하여 그리거나 인조 속눈썹을 붙여 표현하시오.

자. 버건디 레드의 립컬러를 모델의 입술에 맞게 사용하되 구각을 강조한 인커브 형태(구각)을 표현하시오.

스케치해보기

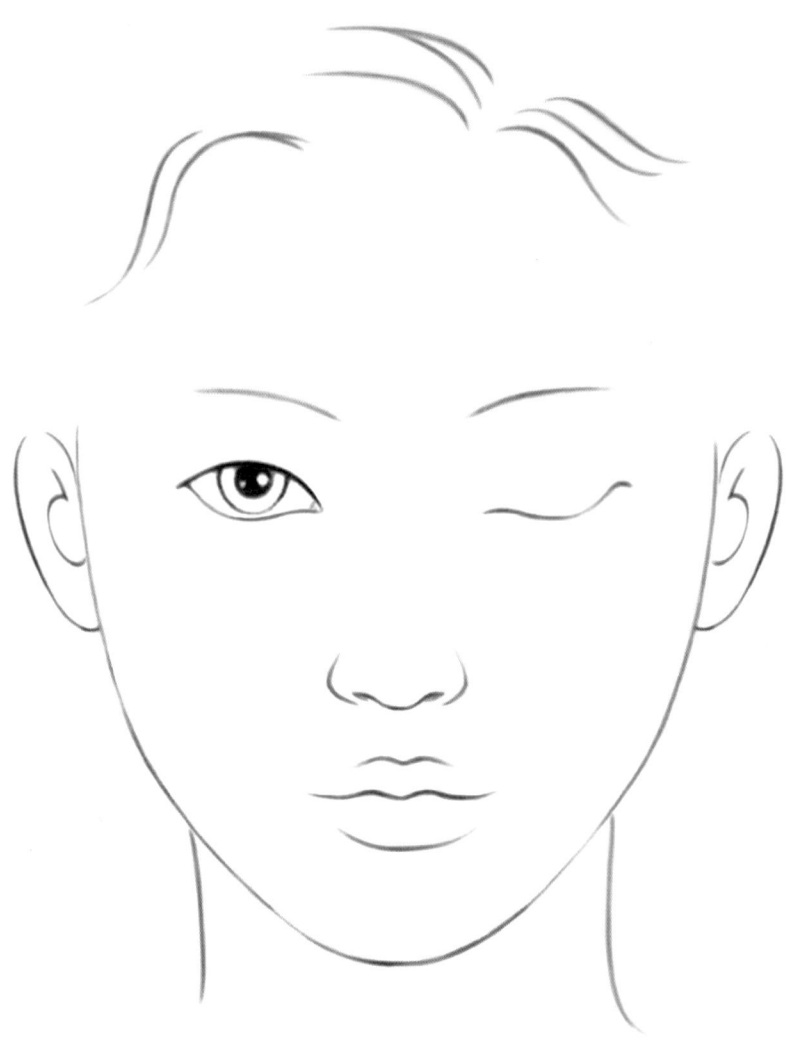

스케치해보기

💡 TIP

메이크업 제품과 색연필을 이용하여 먼저 스케치해보면 이론적으로 과제를 이해하는 데 도움이 됩니다.

자격종목	미용사(메이크업)	과제명	캐릭터메이크업 (레오파드)	시험시간	50분

2) 수험자 유의사항

① 모델은 문신(눈썹, 아이라인, 입술 등), 속눈썹 연장 및 메이크업이 되어 있지 않은 상태여야 합니다.

② 스파출라, 속눈썹 가위, 족집게, 눈썹칼 등의 도구류를 사용 전 소독제로 소독해야 합니다.

③ 메이크업 베이스, 파운데이션을 펴 바를 때 스펀지 퍼프 또는 브러시를 사용하시오.

④ 아이섀도우, 치크, 립 등의 표현 시 브러시 등 적합한 도구를 사용하시오.

⑤ 화장품은 요구사항에 지정된 제형 외에는 타입에 상관없이 자유롭게 사용하시오.

3) 메이크업 과정

가. 과제를 수행하기 전 수험자의 손 및 도구류를 소독한 후 제시된 도면을 참고하여 캐릭터 메이크업(레오파드) 스타일을 연출하시오.

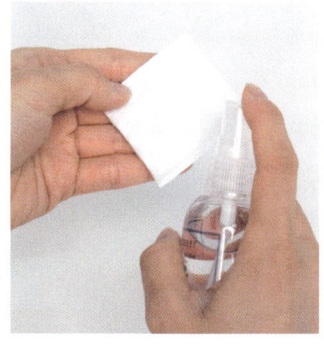 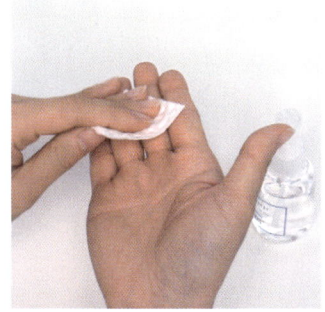 

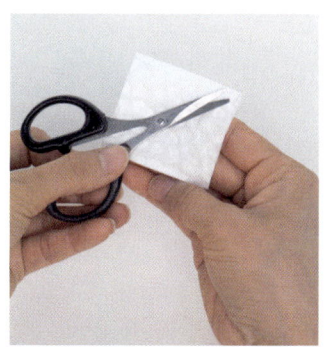 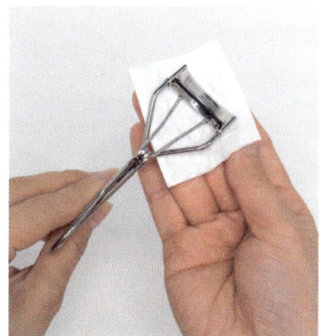

1. 소독제를 화장솜에 분사하여 손 및 철제도구 등 순서대로 소독한다. 이때, 소독제 분사방향이 모델, 제품 또는 다른 수험자를 향하면 감점이 될 수 있으니 바닥 또는 위생봉투를 향하도록 한다.

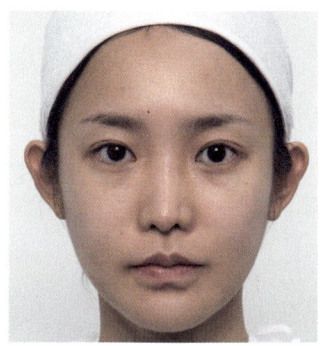

2. 모델은 문신(눈썹, 아이라인 등), 속눈썹 연장이 되어 있지 않아야 하며 뷰러 등을 미리 하지 않은 민낯으로 헤어터번과 어깨보를 착용한 상태여야 한다.

나. 모델의 피부톤에 맞는 메이크업베이스를 바르시오.

 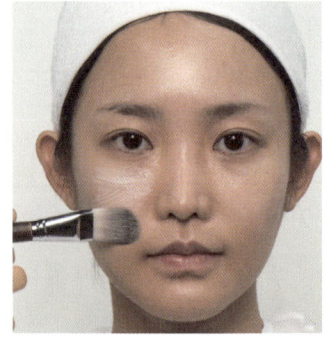 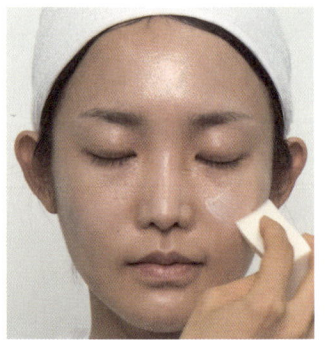

3. 믹싱팔레트에 메이크업베이스를 덜어 브러시 또는 퍼프로 볼, 이마 등 넓은 부위부터 눈주변, 코, 입 등 좁은 부위의 순으로 펴 바른다.

다. 피부톤보다 밝은 색 파운데이션을 이용하여 바른 후 파우더로 마무리 하시오.

 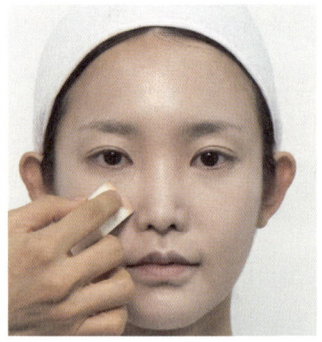

4. 제시되어 있는 바와 같이 모델의 피부톤보다 밝은 크림 파운데이션을 믹싱팔레트에 덜고 스펀지를 이용하여 패팅과 슬라이딩기법으로 펴 바른다. 이때 윤곽 수정에 대한 제시가 없기 때문에 따로 섀딩과 하이라이트는 하지 않아도 되지만 밝은 톤으로 얼굴 전체를 균일하게 바르면 다소 평면적이고 과해 보일 수 있으므로 섀딩 영역에는 파운데이션의 양을 그라데이션 하여 얇게 펴 바른다.

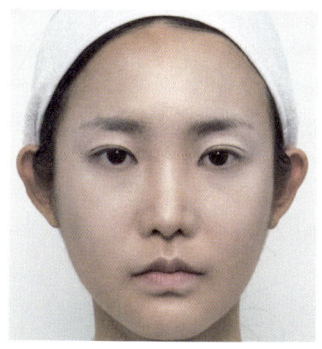

<u>5.</u> 베이스 메이크업 완성

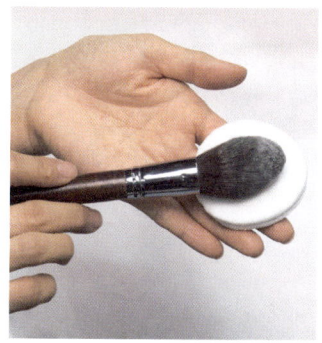  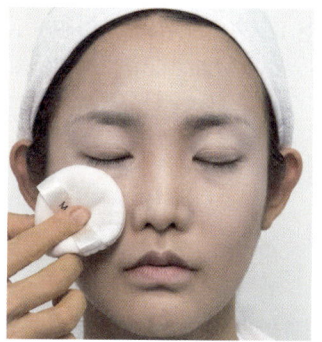

<u>6.</u> 파우더 브러시를 이용하여 파우더를 분첩에 적당량 덜어내어 얼굴 전체에 꼼꼼히 바른 후 매트한 피부표현을 위해 분첩으로 한번 더 두드리듯 눌러주어 마무리한다. 이때 처음부터 분첩으로 파우더를 바르게 되면 양 조절이 되지 않아 파우더가 뭉쳐질 수 있고 뭉쳐진 파우더는 펴 바르기 쉽지 않기 때문에 브러시로 먼저 하는 것을 추천한다.

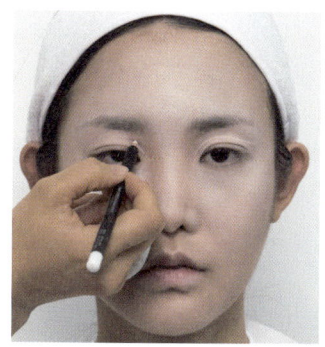 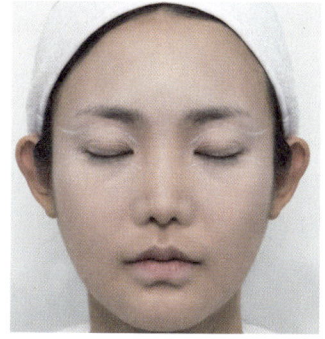

<u>7.</u> 먼저 눈을 뜬 상태로 눈 앞머리부터 눈꼬리까지 아이라인을 따라 같은 두께로 그리고 눈꼬리에서 길게 곡선을 그리며 외곽까지 아이홀 라인 가이드를 잡아준다. 이때 화이트 펜슬로 그리는 것을 추천한다.

라. 옐로, 오렌지, 브라운색의 아쿠아 컬러나 아이섀도우 등을 사용하여 도면과 같이 조화롭게 그라데이션을 하시오.

8. 옐로색 섀도우 또는 아쿠아 컬러를 콧대에서 눈썹 앞머리를 지나 곡선을 그리며 이마까지 짙은 발색으로 그라데이션 해준다. 섀도우의 경우 브러시를 털면서 바르게 되면 가루가 날리게 되고 짙은 발색이 나오지 않기 때문에 브러시로 컬러를 얹어주듯 눌러가며 여러번 덧발라주면 짙게 발색할 수 있다.

*레오파드 과제는 시간이 다소 빠듯한 과제 중 하나로 특히 옐로, 오렌지, 브라운색의 그라데이션이 중요한 채점 포인트가 되기 때문에 상대적으로 쉽고 빠르게 진행할 수 있는 섀도우 사용을 추천한다. 물과 함께 써야 하는 아쿠아 컬러는 전용 브러시와 물통을 따로 준비해야 하며 진행과정에서 브러시자국이 남는 등 그라데이션이 쉽지 않아 다소 시간이 소요될 수 있으니 많은 연습이 필요하다.

9. 언더에는 도면과 같이 곡선을 그리며 볼쪽으로 그라데이션한다. 섀도우 가루가 날리면서 언더에 지저분하게 연출되는 경우 바로 비어있는 브러시에 파우더를 묻혀 털어낸다. 파우더 처리 과정에서 최대한 매트하게 되어 있어야 잘 털어지니 신경 써주어야 한다.

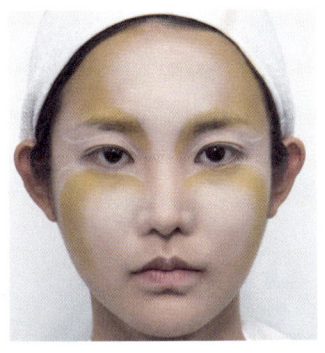 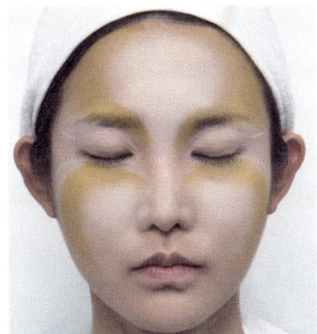

10. 옐로색 완성

11. 오렌지색 섀도우 또는 아쿠아 컬러를 아이홀 라인을 따라 눈썹까지 짙은 발색으로 그라데이션 해준다. 언더에도 옐로와 연결되게 그라데이션 한다.

12. 오렌지색을 바르고 경계가 있다면 다시 옐로색으로 그라데이션해 준다. 단 전체적으로 점진적 패턴을 그려 넣기 때문에 그라데이션에 너무 많은 시간을 소비하지 않도록 주의한다.

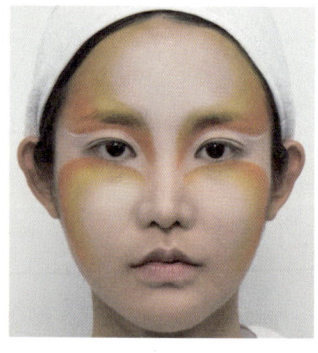

13. 오렌지색 완성

14. 눈 앞머리부터 아이홀 라인 안쪽 눈두덩이와 외곽까지 펄이 없는 화이트 섀도우를 짙게 발라 준다. 이때 화이트 섀도우를 여러 번 덧바르면 선명하게 연출할 수 있다.

15. 브라운색 섀도우 또는 아쿠아 컬러로 아이홀 라인과 언더 가이드라인을 따라 좁게 그라데이션한다. 아이홀 라인을 그릴 때 길이가 짧고 작은 브러시를 90도 이상 세워 그려야 표현하기 쉽다.

16. 옐로, 오렌지, 브라운색의 그라데이션 완성

마. 아이홀 부위는 도면과 같이 흰색으로 뚜렷하게 표현하고 검정색 아이라이너, 아쿠아 컬러 등으로 눈꺼풀 위와 눈밑 언더라인의 트임을 표현하시오.

17. 젤라이너로 아이홀 라인과 아이라인, 언더라인까지 그리고 난 후 눈을 뜬 상태로 눈 앞머리 라인을 빼준다. 이때 눈꺼풀 위 아이라인은 길게 뺀 상승형으로 그리되 아이홀에 닿지 않게 하고 언더 아이라인은 동공 아래 라인을 채우지 않는 것에 주의한다.

18. 아이라이너로 그린 부분에 블랙 섀도우를 덧발라 전체적으로 잘 연결될 수 있게 한다.

바. 레오파드 무늬는 아쿠아 컬러나 아이라이너 등을 사용하여 선명하고 점진적으로 표현하시오.

<u>19</u>. 레오파드 무늬는 같은 형태를 일관되게 그리는 것이 아니라 찌그러진 동그라미, 찌그러진 숫자 3등을 여러 크기와 다양한 방향으로 선의 강약을 조절하며 레오파드의 동물적인 느낌을 살려 표현한다.

<u>20</u>. 눈꼬리 쪽 위, 아래부분을 가장 크게 그리기 시작하여 눈 앞머리와 외곽으로 갈수록 작아지게 그려준다. 이때 그리는 제품은 붓펜 타입의 아이라이너가 상대적으로 그리기 쉬워 추천한다.

<u>21</u>. 점진적 레오파드 패턴 완성

사. 인조속눈썹을 사용하여 길고 날카로운 눈매를 표현하시오.

22. 모델의 눈두덩이를 들어올려야 할 경우 손을 데지 마시고 면봉을 사용하며 뷰러는 사용 후 바로 소독제를 뿌린 미용솜(탈지면)으로 닦아 제자리에 둔다.

23. 마스카라를 적당량 바르고 마르기 전에 눈을 뜨지 않게 한다. 면봉은 여러 번 재사용 할 경우 위생점수에 감점이 될 수도 있으니 한번 사용한 후 바로 버린다.

24. 인조 속눈썹 길이를 모델의 눈 길이에 맞추어 자른다. 인조 속눈썹 접착제는 튜브타입보다는 브러시가 부착되어있는 제품이 쉽고 편하게 사용할 수 있다.

25. 인조속눈썹을 부착할 때는 눈 앞머리에 바짝 붙일 경우 눈을 찌르게 되므로 3mm 정도 뒤로 붙이고 접착제가 마르기 전에 모델이 눈을 뜨지 않게 한다.

아. 도면과 같이 언더라인은 아이라이너를 사용하여 그리거나 인조 속눈썹을 붙여 표현하시오.

26. 언더라인 뒤쪽에 인조 속눈썹을 붙이거나 붓펜 타입 아이라이너를 사용하여 속눈썹처럼 보일 수 있게 라인을 그려준다. 이때 라인의 개수는 정해져 있지 않으니 형태에 맞게 그린다.

 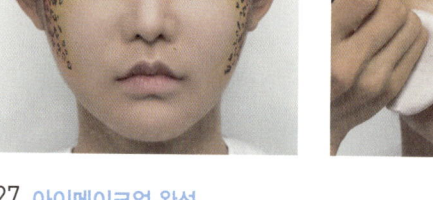

27. 아이메이크업 완성

28. 선명한 입술라인을 표현하기 위해 컨실러로 입술라인을 정리한다. 이때 쉽고 빠른 진행을 위해 펜슬타입의 컨실러를 추천한다.

자. 버건디 레드의 립컬러를 모델의 입술에 맞게 사용하되 구각을 강조한 인커브 형태(구각)을 표현하시오.

29. 버건디 레드색의 립 제품을 입술 산부터 시작해서 구각 등 입술 라인을 따라서 바른다. 뾰족한 입술산과 선명한 라인표현에 신경 써 주어야 한다.

완성모습

정면

측면

2. 한국무용 과제

자격종목	미용사(메이크업)	과제명	캐릭터메이크업 (한국무용)	시험시간	50분

1) 요구사항 (3과제)

+ 지참재료 및 도구를 사용하여 아래의 요구사항에 따라 캐릭터메이크업(한국무용)을 시험시간 내에 완성하시오.

가. 과제를 수행하기 전 수험자의 손 및 도구류를 소독한 후 제시된 도면을 참고하여 캐릭터메이크업(한국무용) 스타일을 연출하시오.

나. 모델의 피부톤에 적합한 메이크업베이스를 선택하여 얇고 고르게 펴 바르시오.

다. 모델의 피부톤에 맞춰 결점을 커버하고 파운데이션으로 깨끗하게 피부표현 하시오.

라. 섀딩과 하이라이트로 윤곽 수정 후 핑크 파우더로 매트하게 마무리하시오.

마. 눈썹은 브라운색으로 시작하여 검정색으로 자연스럽게 연결되도록 표현하며 모델의 얼굴형을 고려하여 도면과 같이 부드러운 곡선의 동양적인 눈썹으로 표현하시오.

바. 눈썹 뼈에 흰색으로 하이라이트를 주어 입체감 있는 눈매를 연출하시오.

사. 연분홍색 아이섀도우를 이용하여 눈두덩이를 그라데이션 하시오.

아. 눈꼬리 부분과 언더라인을 마젠타컬러로 포인트를 주고 도면과 같이 상승형으로 표현하시오.

자. 아이라인은 검정색 아이라이너를 사용하여 도면과 같이 그리고 언더라인은 펜슬 또는 아이섀도우로 마무리 하시오.

차. 뷰러를 이용하여 자연 속눈썹을 컬링하시오.

카. 마스카라 후 검정색의 짙은 인조 속눈썹을 사용하여 끝부분이 처지지 않도록 상승형으로 붙이시오.

타. 치크는 핑크색으로 광대뼈를 감싸듯 화사하게 표현하시오.

파. 레드컬러의 립라이너를 이용하여 립 안쪽으로 그라데이션하고 핑크가 가미된 레드색의 립컬러로 블렌딩 하시오.

하. 블랙펜슬 또는 블랙아이라이너를 이용하여 귀밑머리를 자연스럽게 그리시오.

스케치해보기

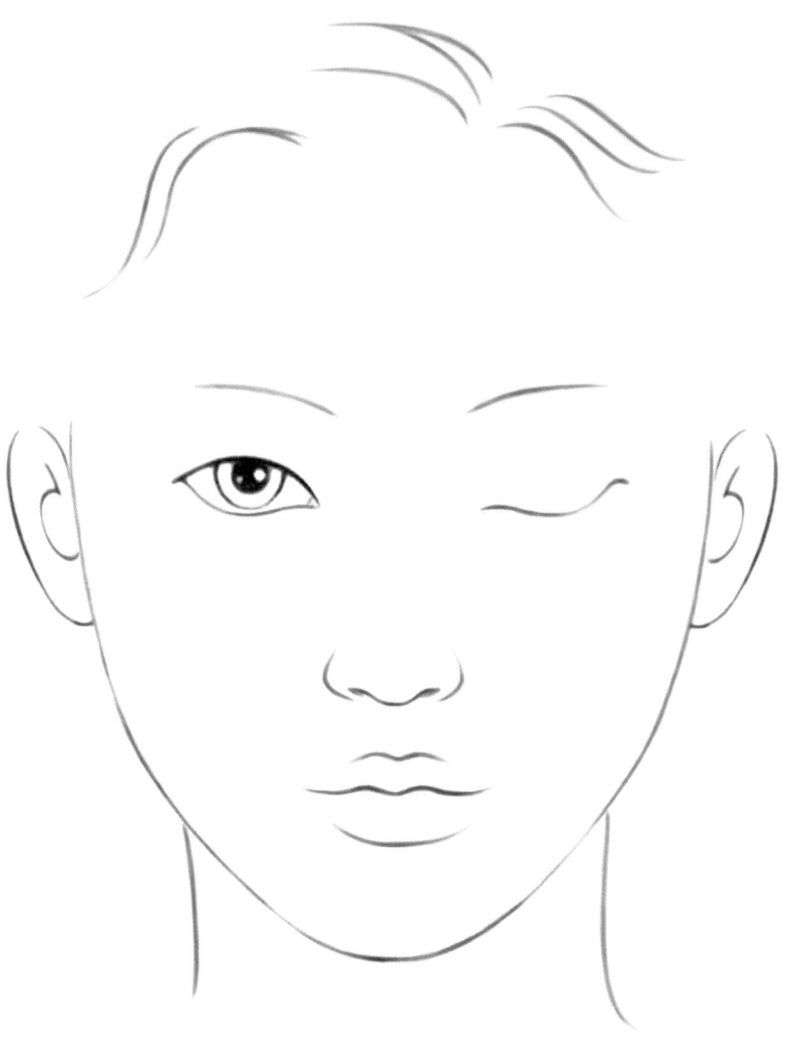

스케치해보기

🔵 TIP

메이크업 제품과 색연필을 이용하여 먼저 스케치해보면 이론적으로 과제를 이해하는 데 도움이 됩니다.

자격종목	미용사(메이크업)	과제명	캐릭터메이크업 (한국무용)	시험시간	50분

2) 수험자 유의사항

① 모델은 문신(눈썹, 아이라인, 입술 등), 속눈썹 연장 및 메이크업이 되어 있지 않은 상태여야 합니다.

② 스파출라, 속눈썹 가위, 족집게, 눈썹칼 등의 도구류를 사용 전 소독제로 소독해야 합니다.

③ 메이크업 베이스, 파운데이션을 펴 바를 때 스펀지 퍼프 또는 브러시를 사용하시오.

④ 아이섀도우, 치크, 립 등의 표현 시 브러시 등 적합한 도구를 사용하시오.

⑤ 화장품은 요구사항에 지정된 제형 외에는 타입에 상관없이 자유롭게 사용하시오.

3) 메이크업 과정

가. 과제를 수행하기 전 수험자의 손 및 도구류를 소독한 후 제시된 도면을 참고하여 캐릭터 메이크업(한국무용) 스타일을 연출하시오.

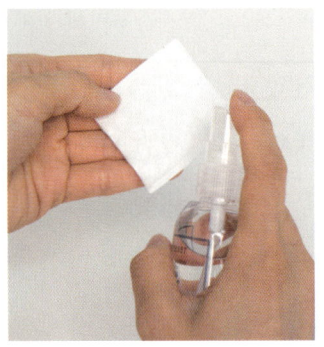
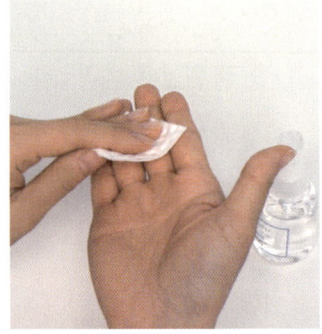

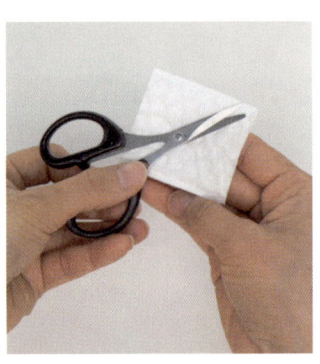
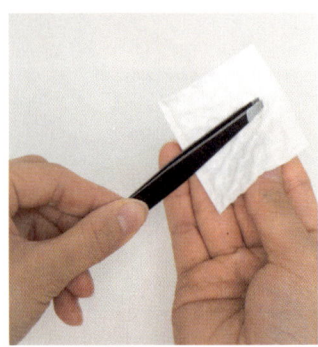

<u>1</u>. 소독제를 미용솜(탈지면)에 분사하여 손 및 철제도구 등 순서대로 소독한다. 이때, 소독제 분사방향이 모델, 제품 또는 다른 수험자를 향하면 감점이 될 수 있으니 바닥 또는 위생봉투를 향하도록 한다.

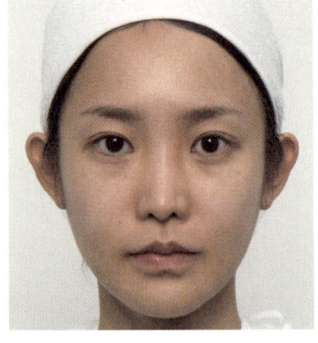

<u>2</u>. 모델은 문신(눈썹, 아이라인 등), 속눈썹 연장이 되어 있지 않아야 하며 뷰러 등을 미리 하지 않은 민낯으로 헤어터번과 어깨보를 착용한 상태여야 한다.

나. 모델의 피부톤에 적합한 메이크업베이스를 선택하여 얇고 고르게 펴 바르시오.

 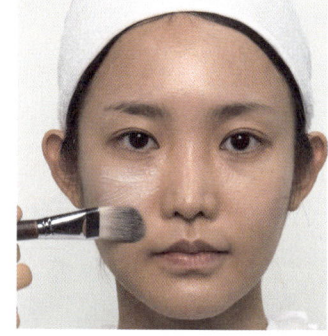 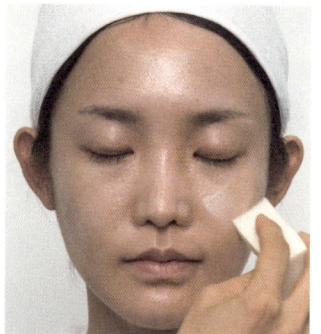

3. 믹싱팔레트에 메이크업베이스를 덜어 브러시 또는 퍼프로 볼, 이마 등 넓은 부위부터 눈주변, 코, 입 등 좁은 부위의 순으로 펴 바른다.

다. 모델의 피부톤에 맞춰 결점을 커버하고 파운데이션으로 깨끗하게 피부표현하시오.

 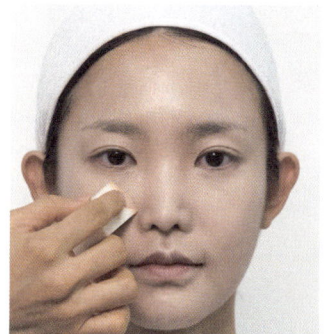

4. 모델의 피부톤에 맞는 파운데이션을 믹싱팔레트에 덜어 스펀지를 이용하여 패팅과 슬라이딩기법으로 펴 바른다. 이때 파운데이션 제형은 리퀴드, 크림, 스틱 등 모든 타입이 가능하지만 빠르고 커버력 있게 표현하기 용이한 크림파운데이션을 추천한다.

라. 섀딩과 하이라이트로 윤곽 수정 후 핑크 파우더로 매트하게 마무리하시오.

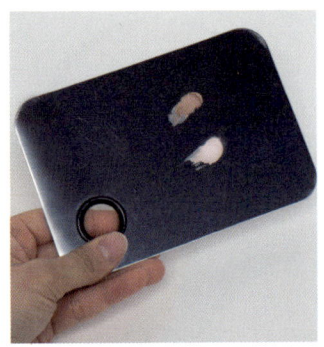

5. 믹싱팔레트에 하이라이트컬러와 섀딩컬러의 크림 파운데이션을 덜어 둔다.

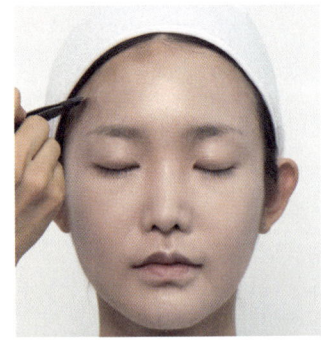 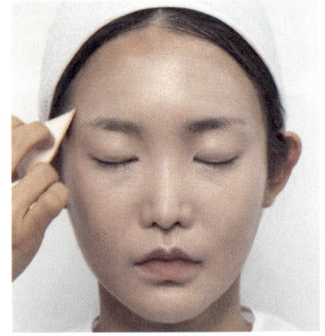

6. 브러시로 섀딩컬러를 외곽섀딩, 노즈섀딩 순으로 도포한 뒤 스펀지로 밀착시켜 준다. 얼굴에 제품을 도포할 때 손을 사용하게 되면 다시 그 손을 닦고 다음 과정을 진행해야 하는 번거로움이 있을 수 있으니 브러시 또는 퍼프 사용을 권장한다.

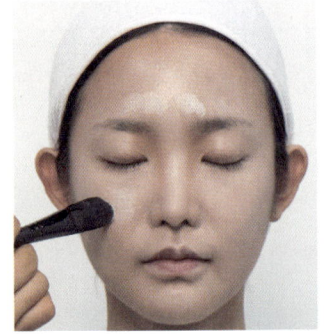 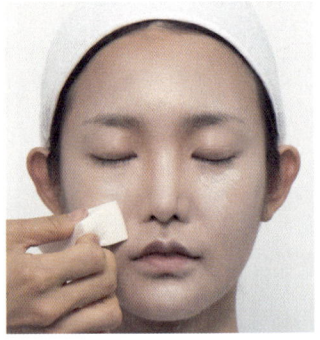

7. 브러시로 하이라이트컬러를 T존, 앞볼 등 순으로 도포하고 스펀지로 밀착이 될 수 있게 펴 발라준다.

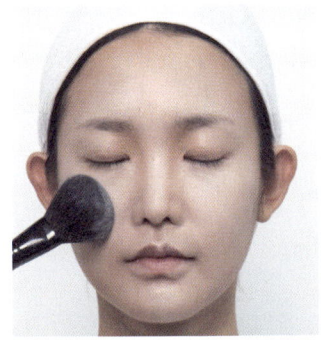 

8. 파우더 브러시를 이용하여 핑크 파우더를 분첩에 적당량 덜어내어 얼굴 전체에 꼼꼼히 바른 후 매트한 피부 표현을 위해 분첩으로 한번 더 두드리듯 눌러주어 마무리한다. 이때 처음부터 분첩으로 파우더를 바로 바르게 되면 양 조절이 되지 않아 파우더가 뭉쳐질 수 있고 뭉쳐진 파우더는 펴 바르기 쉽지 않기 때문에 브러시로 먼저 바르는 것을 추천한다.

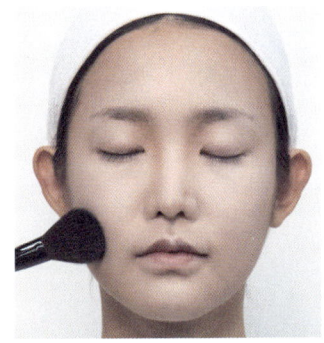  

9. 파우더타입의 섀딩과 하이라이트로 윤곽을 수정해준다.

마. 눈썹은 브라운색으로 시작하여 검정색으로 자연스럽게 연결되도록 표현하며 모델의 얼굴형을 고려하여 도면과 같이 부드러운 곡선의 동양적인 눈썹으로 표현하시오.

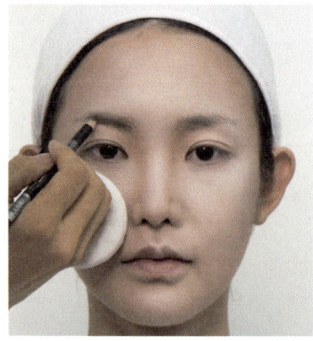 

<u>10</u>. 브라운색 펜슬로 눈썹 앞머리부터 중앙 부분까지 그린 후 블랙 펜슬로 눈썹 꼬리까지 완만한 곡선형이 되도록 가이드를 잡아준다. 동양적인 느낌을 위해 너무 두꺼워지지 않게 주의하고 브라운과 블랙 섀도우로 연결하며 마무리한다.

<u>11</u>. 눈썹 앞머리와 노즈섀딩을 연결하여 눈썹이 두드러져 보이지 않게 표현한다.

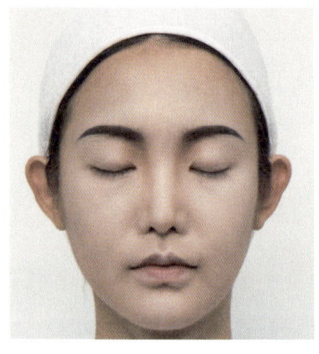 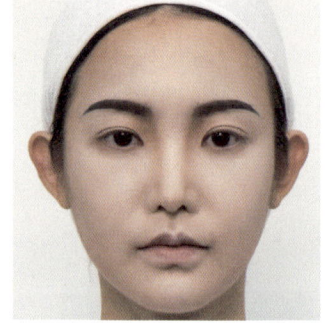

<u>12</u>. 눈썹 완성

바. 눈썹 뼈에 흰색으로 하이라이트를 주어 입체감 있는 눈매를 연출하시오.

13. 눈썹 뼈에서 눈두덩이 쪽으로 펄이 없는 화이트 섀도우를 그라데이션하여 더욱 입체감 있게 연출되도록 한다.

사. 연분홍색 아이섀도우를 이용하여 눈두덩이를 그라데이션 하시오.

14. 연분홍색 섀도우를 눈두덩이 전체에 바르고 그라데이션 해준다. 이때 연분홍색 자체가 연하게 발색될 수 있는 컬러이므로 심사 시 잘 보일 수 있게 짙게 바른다.

아. 눈꼬리 부분과 언더라인을 마젠타컬러로 포인트를 주고 도면과 같이 상승형으로 표현하시오.

15. 마젠타 섀도우를 눈꼬리에서 언더라인과 연결하여 상승형으로 짙게 바르고 연분홍색과 자연스럽게 그라데이션 될 수 있게 해준다.

자. 아이라인은 검정색 아이라이너를 사용하여 도면과 같이 그리고 언더라인은 펜슬 또는 아이섀도우로 마무리 하시오.

16. 눈꺼풀 위 아이라인을 젤라이너로 길게 뺀 상승형으로 그린 후 눈을 뜬 상태로 눈 앞머리 라인을 빼준다. 언더라인은 펜슬타입 아이라이너로 그리고 아이라이너로 그린 부분에 블랙 섀도우를 덧발라 전체적으로 잘 연결될 수 있게 한다.

차. 뷰러를 이용하여 자연 속눈썹을 컬링하시오.

17. 모델의 눈두덩이를 들어올려야 할 경우 손을 데지 마시고 면봉을 사용하며 뷰러는 사용 후 바로 소독제를 뿌린 미용솜(탈지면)으로 닦아 제자리에 둔다.

카. 마스카라 후 검정색의 짙은 인조 속눈썹을 사용하여 끝부분이 처지지 않도록 상승형으로 붙이시오.

18. 마스카라를 적당량 바르고 마르기 전에 눈을 뜨지 않게 한다. 면봉은 여러 번 재사용할 경우 위생점수에 감점이 될 수도 있으니 한번 사용한 후 바로 버린다.

19. 인조 속눈썹 길이를 모델의 눈 길이에 맞추어 자른다. 인조 속눈썹 접착제는 튜브타입보다는 브러시가 부착되어있는 제품이 쉽고 편하게 사용할 수 있다.

20. 인조속눈썹을 부착할 때는 눈 앞머리에 바짝 붙일 경우 눈을 찌르게 되므로 3mm 정도 뒤로 붙이고 접착제가 마르기 전에 모델이 눈을 뜨지 않게 한다.

 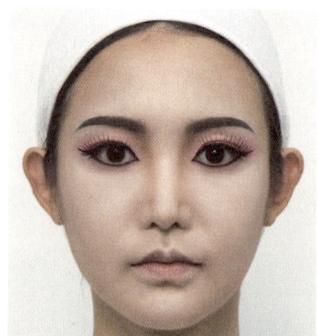

21. 아이메이크업 완성

타. 치크는 핑크색으로 광대뼈를 감싸듯 화사하게 표현하시오.

22. 핑크 컬러를 브러시에 묻히고 바로 볼에 바를 경우 얼룩질 수 있으므로 타월 위 미용티슈에서 양 조절 및 발색을 확인하고 광대뼈 외곽쪽에서 터치하며 안쪽으로 그라데이션 한다.

파. 레드컬러의 립라이너를 이용하여 립 안쪽으로 그라데이션하고 핑크가 가미된 레드색의 립컬러로 블렌딩하시오.

23. 선명한 입술라인을 표현하기 위해 컨실러로 입술라인 바깥쪽을 정리한다. 이때 쉽고 빠른 진행을 위해 펜슬 타입의 컨실러를 추천한다.

24. 레드컬러 립라이너로 입술라인을 선명하게 그리고 안쪽으로 넓게 그라데이션 한다.

25. 핑크가 가미된 레드색 립제품으로 입술 안쪽부터 그라데이션하여 연결해준다.

하. 블랙펜슬 또는 블랙아이라이너를 이용하여 귀밑머리를 자연스럽게 그리시오.

26. 블랙펜슬로 모델의 귀밑 잔머리 속에서 시작하여 5cm~6cm 길이로 기울어진 J를 그리듯 가이드를 잡고 블랙 섀도우로 덧발라 자연스럽게 마무리한다.

완성모습

정면

측면

3. 발레 과제

자격종목	미용사(메이크업)	과제명	캐릭터메이크업 (발레)	시험시간	50분

1) 요구사항 (3과제)

+ 지참재료 및 도구를 사용하여 아래의 요구사항에 따라 캐릭터메이크업(발레)을 시험시간 내에 완성하시오.

가. 과제를 수행하기 전 수험자의 손 및 도구류를 소독한 후 제시된 도면을 참고하여 캐릭터 메이크업(발레) 스타일을 연출하시오.

나. 모델의 피부톤에 적합한 메이크업베이스를 선택하여 얇고 고르게 펴 바르시오.

다. 모델의 피부톤에 맞춰 결점을 커버하고 파운데이션으로 깨끗하게 피부표현하시오.

라. 섀딩과 하이라이트로 윤곽 수정 후 핑크 파우더로 매트하게 마무리하시오.

마. 눈썹은 다크 브라운색으로 시작하여 블랙으로 자연스럽게 연결되도록 표현하며 모델의 얼굴형을 고려하여 갈매기 형태로 그리시오.

바. 눈썹 뼈에 흰색으로 하이라이트를 주어 입체감 있는 눈매를 연출하시오.

사. 아이홀은 핑크와 퍼플컬러를 이용하여 그라데이션하고 홀의 안쪽은 흰색으로 채워 표현 하시오.

아. 속눈썹 라인을 따라서 아쿠아 블루색으로 포인트를 주고 언더라인도 같은 색으로 눈과 일정한 간격을 두고 그린 후 흰색을 넣어 눈이 커 보이도록 표현하시오.

자. 검정색 아이라이너를 사용하여 도면과 같이 아이라인과 언더라인을 길게 그리시오.

차. 뷰러를 이용하여 자연 속눈썹을 컬링하시오.

카. 마스카라 후 검정색의 짙은 인조 속눈썹을 사용하여 끝부분이 처지지 않도록 상승형으로 붙이시오.

타. 치크는 핑크색으로 광대뼈를 감싸듯 화사하게 표현하시오.

파. 로즈컬러의 립라이너를 이용하여 립 안쪽으로 그라데이션하고 핑크색 립컬러로 블렌딩 하시오.

스케치해보기

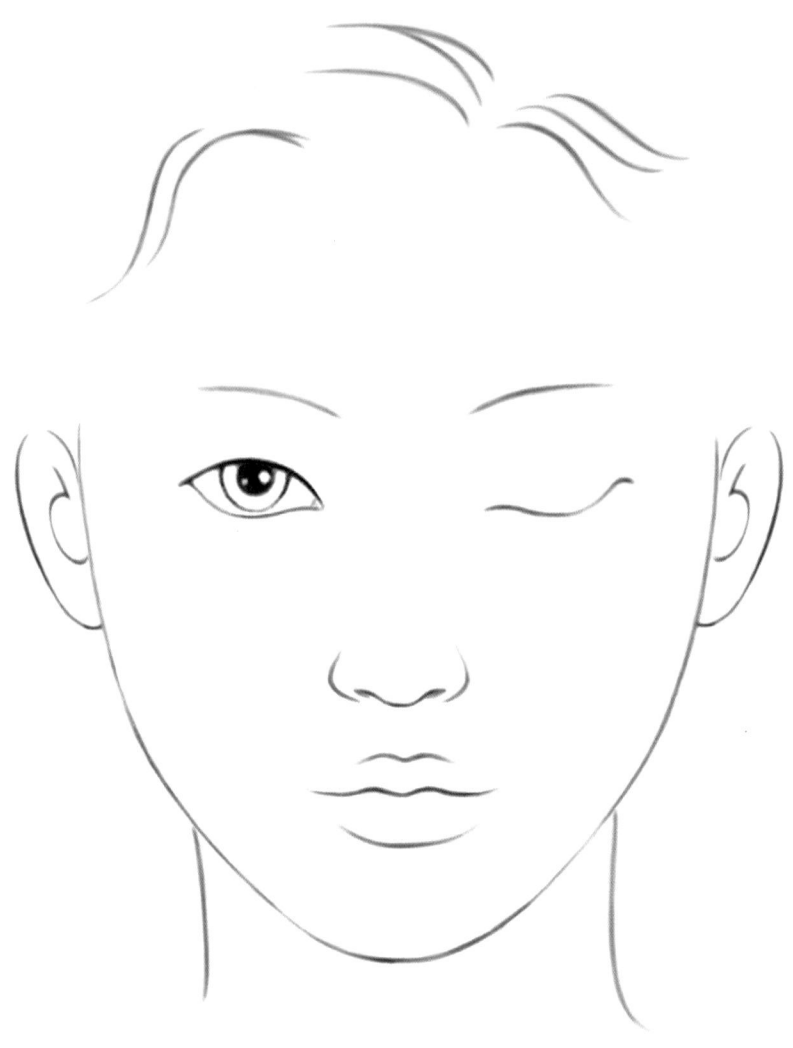

스케치해보기

🔵 TIP

메이크업 제품과 색연필을 이용하여 먼저 스케치해보면 이론적으로 과제를 이해하는 데 도움이 됩니다.

| 자격종목 | 미용사(메이크업) | 과제명 | 캐릭터메이크업
(발레) | 시험시간 | 50분 |

2) 수험자 유의사항

① 모델은 문신(눈썹, 아이라인, 입술 등), 속눈썹 연장 및 메이크업이 되어 있지 않은 상태여야 합니다.

② 스파출라, 속눈썹 가위, 족집게, 눈썹칼 등의 도구류를 사용 전 소독제로 소독해야 합니다.

③ 메이크업 베이스, 파운데이션을 펴 바를 때 스펀지 퍼프 또는 브러시를 사용하시오.

④ 아이섀도우, 치크, 립 등의 표현 시 브러시 등 적합한 도구를 사용하시오.

⑤ 화장품은 요구사항에 지정된 제형 외에는 타입에 상관없이 자유롭게 사용하시오.

3) 메이크업 과정

가. 과제를 수행하기 전 수험자의 손 및 도구류를 소독한 후 제시된 도면을 참고하여 캐릭터 메이크업 (발레) 스타일을 연출하시오.

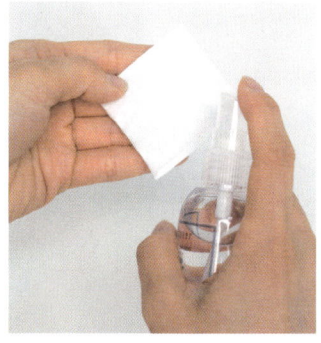 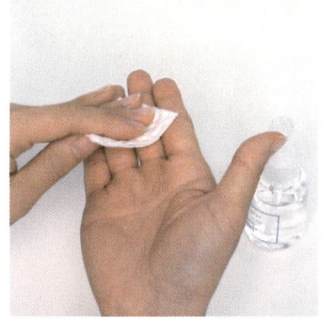 

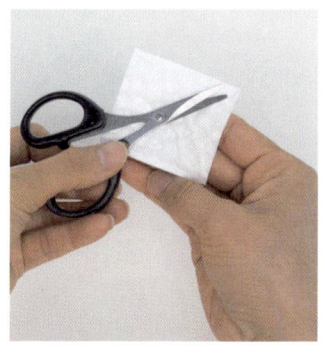 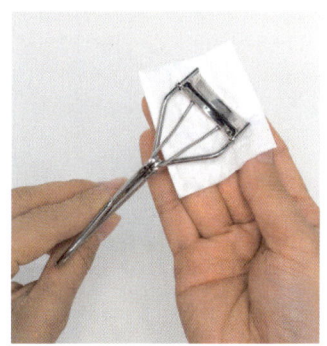

1. 소독제를 미용솜(탈지면)에 분사하여 손 및 철제도구 등 순서대로 소독한다. 이때, 소독제 분사방향이 모델, 제품 또는 다른 수험자를 향하면 감점이 될 수 있으니 바닥 또는 위생봉투를 향하도록 한다.

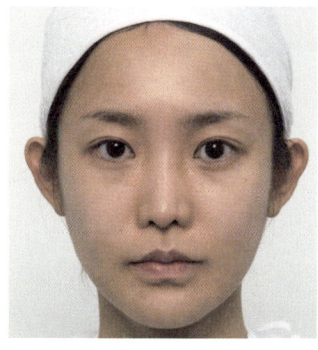

2. 모델은 문신(눈썹, 아이라인 등), 속눈썹 연장이 되어 있지 않아야 하며 뷰러 등을 미리 하지 않은 민낯으로 헤어터번과 어깨보를 착용한 상태여야 한다.

나. 모델의 피부톤에 적합한 메이크업베이스를 선택하여 얇고 고르게 펴 바르시오

 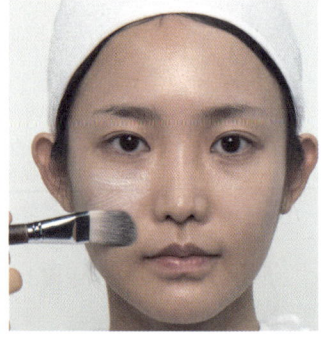 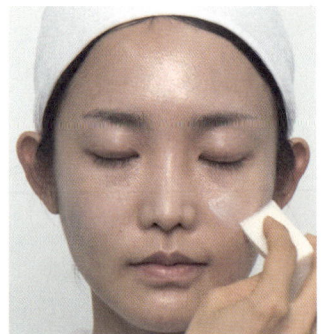

3. 믹싱팔레트에 메이크업베이스를 덜어 브러시 또는 퍼프로 볼, 이마 등 넓은 부위부터 눈주변, 코, 입 등 좁은 부위의 순으로 펴 바른다.

다. 모델의 피부톤에 맞춰 결점을 커버하고 파운데이션으로 깨끗하게 피부표현 하시오.

 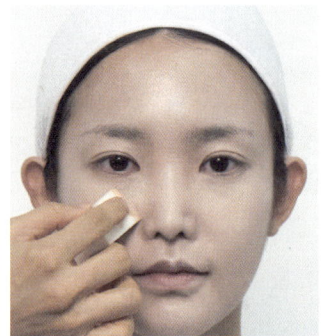

4. 모델의 피부 톤에 맞는 파운데이션을 믹싱팔레트에 덜어 스펀지를 이용하여 패팅과 슬라이딩기법으로 펴 바른다. 이때 파운데이션 제형은 리퀴드, 크림, 스틱 등 모든 타입이 가능하지만 빠르고 커버력 있게 표현하기 용이한 크림파운데이션을 추천한다.

라. 섀딩과 하이라이트로 윤곽 수정 후 핑크 파우더로 매트하게 마무리하시오.

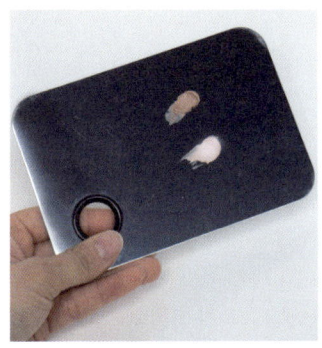

<u>5</u>. 믹싱팔레트에 하이라이트컬러와 섀딩컬러의 크림 파운데이션을 덜어 둔다.

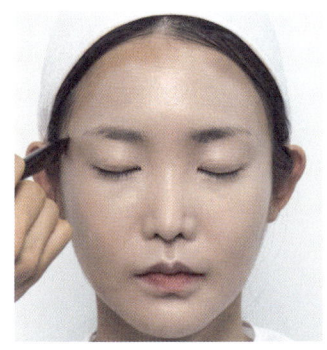 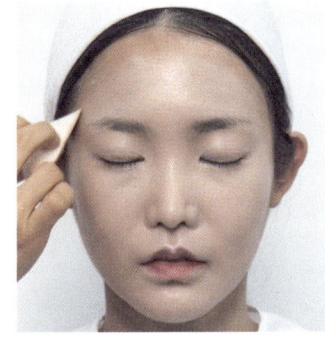 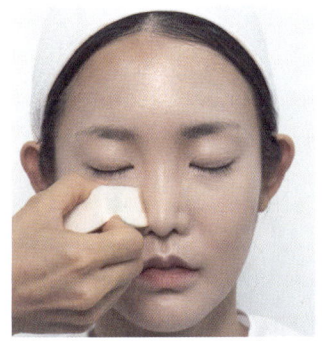

<u>6</u>. 브러시로 섀딩컬러를 외곽섀딩, 노즈섀딩 순으로 도포한 뒤 스펀지로 밀착시켜 준다. 얼굴에 제품을 도포할 때 손을 사용하게 되면 다시 그 손을 닦고 다음 과정을 진행해야 하는 번거로움이 있을 수 있으니 브러시 또는 퍼프 사용을 권장한다.

 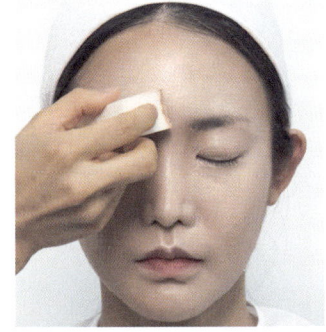

<u>7</u>. 브러시로 하이라이트컬러를 T존, 앞볼 등 순으로 도포하고 스펀지로 밀착이 될 수 있게 펴 발라준다.

 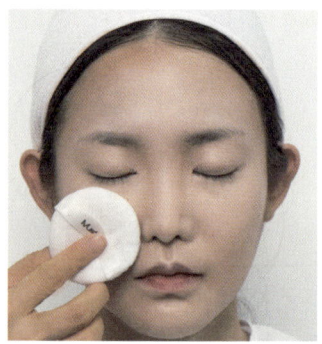

8. 파우더 브러시를 이용하여 핑크 파우더를 분첩에 적당량 덜어내어 얼굴 전체에 꼼꼼히 바른 후 매트한 피부 표현을 위해 분첩으로 한 번 더 두드리듯 눌러주어 마무리한다. 이때 처음부터 분첩으로 파우더를 바로 바르게 되면 양 조절이 되지 않아 파우더가 뭉쳐질 수 있고 뭉쳐진 파우더는 펴 바르기 쉽지 않기 때문에 브러시로 먼저 하는 것을 추천한다.

*생각보다 많은 양의 파우더를 사용하여 피부를 다소 매트하게 해야 진한색의 섀도우 가루 날림을 쉽게 털어낼 수 있다.

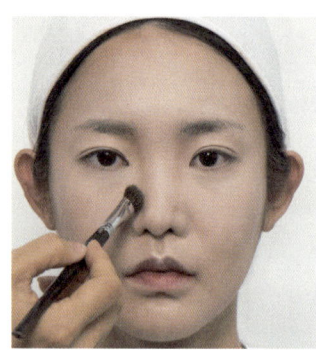 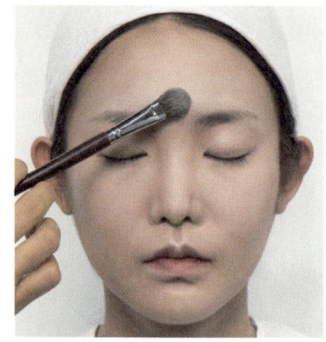

9. 파우더타입의 섀딩과 하이라이트로 윤곽을 수정해준다.

마. 눈썹은 다크 브라운색으로 시작하여 블랙으로 자연스럽게 연결되도록 표현하며 모델의 얼굴형을 고려하여 갈매기 형태로 그리시오.

 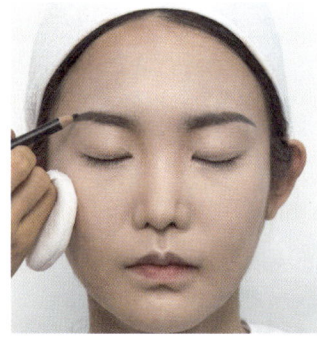 

10. 브라운색 펜슬로 눈썹 앞머리부터 중앙 부분까지 그리고 블랙 펜슬로 눈썹 꼬리까지 갈매기 형태가 되도록 가이드를 잡아준다. 눈썹이 얇아지거나 짧아지지 않게 주의하고 다크브라운색과 블랙 섀도우로 연결하며 마무리한다.

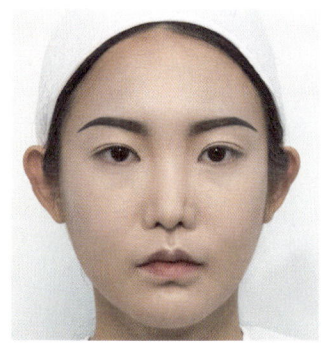 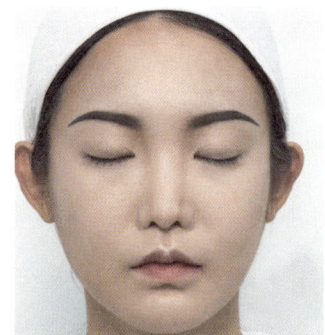

11. **눈썹완성**

바. 눈썹 뼈에 흰색으로 하이라이트를 주어 입체감 있는 눈매를 연출하시오.

12. 눈썹 앞머리와 노즈섀딩을 연결하여 눈썹이 두드러져 보이지 않게 표현한다.

13. 눈썹 뼈에서 눈두덩이 쪽으로 펄이 없는 화이트 섀도우를 그라데이션하여 더욱 입체감 있게 연출되도록 한다.

사. 아이홀은 핑크와 퍼플컬러를 이용하여 그라데이션 하고 홀의 안쪽은 흰색으로 채워 표현하시오.

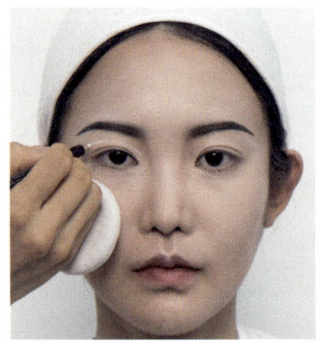

14. 아이홀은 눈을 뜬 상태로 눈 앞머리부터 눈꼬리까지 아이라인을 따라 같은 두께로 그리고 눈꼬리에서 길게 곡선을 그리며 물결모양으로 가이드를 잡아준다. 이때 화이트 펜슬로 그리는 것을 추천한다.

15. 아이홀 라인 안쪽 눈두덩이에 펄이 없는 화이트 섀도우를 짙게 바른다.

16. 핑크색 섀도우를 아이홀 라인 위쪽으로 그라데이션 한다.

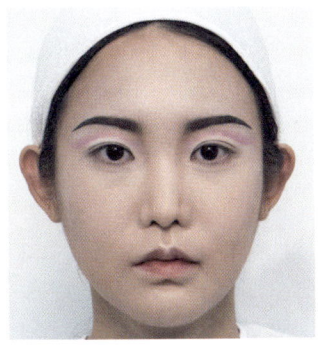

17. 선명하고 진한 색의 섀도우는 가루가 조금만 날려도 눈 밑이 떨어지게 되므로 많은 양을 한 번에 올리지 말고 적당량을 여러 번 덧발라 불필요한 수정사항이 생기지 않게 한다. 이때 언더에 섀도우가 떨어졌다면 팬 브러시로 털어내거나 하이라이트용 브러시에 핑크파우더를 묻혀 털어내는 것을 추천한다.

18. 아이홀 라인 위쪽으로 퍼플 섀도우를 좁게 그라데이션 해준다. 눈 꼬리는 상승형 아이라인과 연결하여 닫힌 홀로 그리고 눈 꼬리부터 1/3부분까지 퍼플 섀도우로 채우며 그라데이션 해준다. 이때 길이가 짧고 작은 브러시를 90도 이상 세워 그려야 라인형태로 표현하기 쉽다.

<u>19</u>. 아이홀 라인 안쪽 눈두덩이에 펄이 없는 화이트 섀도우를 짙게 바르며 아이홀 라인을 정리한다.

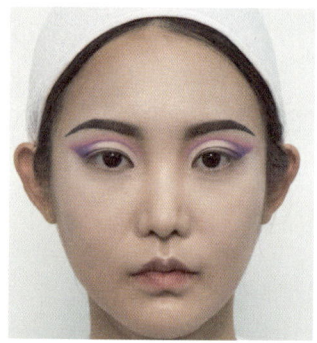 

<u>20</u>. **아이홀 완성**

<u>아</u>. 속눈썹 라인을 따라서 아쿠아 블루색으로 포인트를 주고 언더라인도 같은 색으로 눈과 일정한 간격을 두고 그린 후 흰색을 넣어 눈이 커 보이도록 표현하시오.

<u>21</u>. 아쿠아 블루 섀도우를 아이라인 따라 꼼꼼히 발라주고 퍼플 섀도우와 경계가 생기지 않게 그라데이션 해준다.

22. 언더라인 전체에 펄이 없는 화이트 섀도우를 짙게 바른다.

 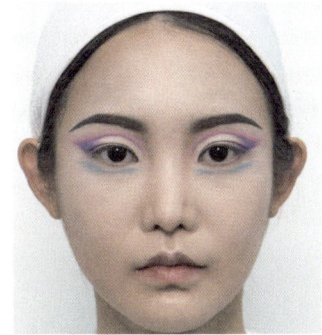

23. 아쿠아 블루 섀도우를 언더라인 따라 눈 앞머리부터 눈 꼬리까지 일정한 간격을 두고 그린다.

자. 검정색 아이라이너를 사용하여 도면과 같이 아이라인과 언더라인을 길게 그리시오.

24. 블랙 젤라이너로 눈 꺼풀 위 아이라인을 길게 뺀 상승형으로 그린 다음 눈을 뜬 상태로 눈 앞머리 라인을 빼준다. 언더라인은 동공 아래를 채우지 않는 것에 주의하여 앞 뒤 아이라인과 연결한다.
눈 밑 아쿠아 블루 섀도우 라인을 따라 언더 속눈썹을 표현하듯 그려준다. 이때 앞 라인 2개와 뒷 라인 4개를 정확하게 표현해주어야 한다.

25. 아이라이너 완성

차. 뷰러를 이용하여 자연 속눈썹을 컬링 하시오.

26. 모델의 눈두덩이를 들어올려야 할 경우 손을 데지 마시고 면봉을 사용하며 뷰러는 사용 후 바로 소독제를 뿌린 화장솜으로 닦아 제자리에 둔다.

카. 마스카라 후 검정색의 짙은 인조 속눈썹을 사용하여 끝부분이 처지지 않도록 상승형으로 붙이시오.

27. 마스카라를 적당량 바른 후 마르기 전에 눈을 뜨지 않게 한다. 면봉은 여러 번 재사용할 경우 위생점수에 감점이 될 수도 있으니 한번 사용한 후 바로 버린다.

28. 인조 속눈썹 길이를 모델의 눈 길이에 맞추어 자른다. 인조 속눈썹 접착제는 튜브타입보다는 브러시가 부착되어있는 제품이 쉽고 편하게 사용할 수 있다.

29. 인조속눈썹은 끝부분이 처지지 않도록 주의하고 눈 앞머리에 바짝 붙일 경우 눈을 찌르게 되므로 3mm 정도 뒤로 붙이고 접착제가 마르기 전에 모델이 눈을 뜨지 않게 한다.

30. **아이메이크업 완성**

타. 치크는 핑크색으로 광대뼈를 감싸듯 화사하게 표현하시오.

31. 핑크 컬러를 브러시에 묻힌 뒤 바로 볼에 바를 경우 얼룩질 수 있으므로 타월 위 미용티슈에서 양조절 및 발색 확인한 후 광대뼈 외곽쪽에서 터치하며 안쪽으로 그라데이션 한다.

파. 로즈컬러의 립라이너를 이용하여 립 안쪽으로 그라데이션 하고 핑크색 립컬러로 블렌딩 하시오.

32. 선명한 입술라인을 표현하기 위해 컨실러로 입술라인 바깥쪽을 정리한다. 이때 쉽고 빠른 진행을 위해 펜슬 타입의 컨실러를 추천한다.

33. 로즈컬러 립라이너로 입술라인을 선명하게 그리고 안쪽으로 넓게 그라데이션한다.

34. 핑크컬러로 라인 안쪽부터 그라데이션하여 연결해준다.

완성모습

정면

측면

4. 노인 과제

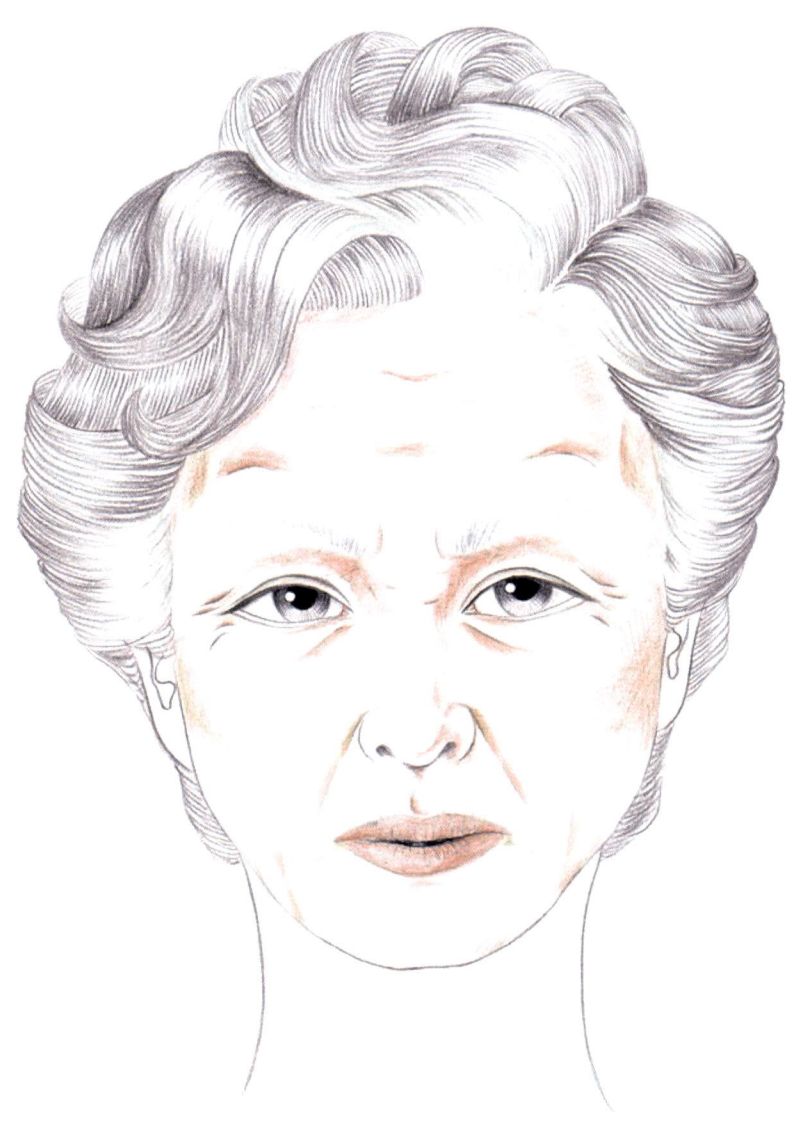

자격종목	미용사(메이크업)	과제명	캐릭터메이크업 (노인)	시험시간	50분

1) 요구사항 (3과제)

+ 지참재료 및 도구를 사용하여 아래의 요구사항에 따라 캐릭터메이크업(노인)을 시험시간 내에 완성하시오.

가. 과제를 수행하기 전 수험자의 손 및 도구류를 소독한 후 제시된 도면을 참고하여 캐릭터 메이크업(노인) 스타일을 연출하시오.

나. 모델의 피부타입에 맞는 메이크업베이스를 바르시오.

다. 파운데이션을 가볍게 바르고 모델 피부톤보다 한톤 어둡게 피부 표현하시오.

라. 섀딩 컬러로 얼굴의 굴곡부분을 자연스럽게 표현하시오.

마. 하이라이트 컬러를 이용하여 돌출부분을 도면과 같이 표현하시오.

바. 눈썹은 강하지 않게 회갈색을 이용하여 표현하시오.

사. 립컬러는 내추럴 베이지를 이용하여 아랫입술이 윗입술보다 두껍지 않게 표현하시오.

스케치해보기

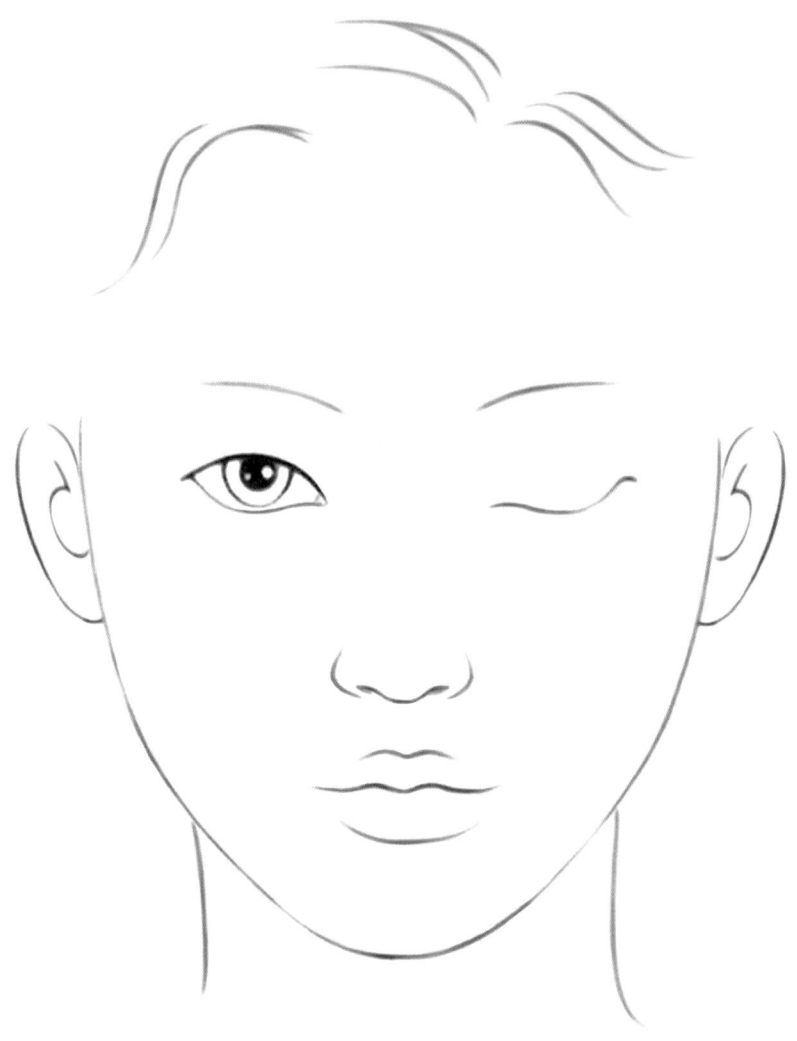

스케치해보기

🔵 TIP

메이크업 제품과 색연필을 이용하여 먼저 스케치해보면 이론적으로 과제를 이해하는 데 도움이 됩니다.

자격종목	미용사(메이크업)	과제명	캐릭터메이크업 (노인)	시험시간	50분

2) 수험자 유의사항

① 모델은 문신(눈썹, 아이라인, 입술 등), 속눈썹 연장 및 메이크업이 되어 있지 않은 상태여야 합니다.

② 스파출라, 속눈썹 가위, 족집게, 눈썹칼 등의 도구류를 사용 전 소독제로 소독해야 합니다.

③ 메이크업 베이스, 파운데이션을 펴 바를 때 스펀지 퍼프 또는 브러시를 사용하시오.

④ 아이섀도우, 치크, 립 등의 표현 시 브러시 등 적합한 도구를 사용하시오.

⑤ 화장품은 요구사항에 지정된 제형 외에는 타입에 상관없이 자유롭게 사용하시오.

3) 메이크업 과정

가. 과제를 수행하기 전 수험자의 손 및 도구류를 소독한 후 제시된 도면을 참고하여 캐릭터 메이크업(노인) 스타일을 연출하시오.

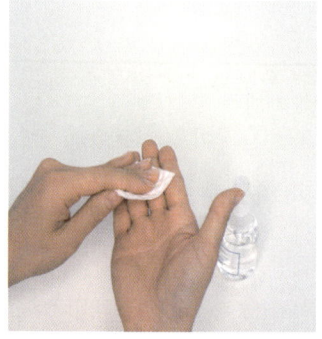
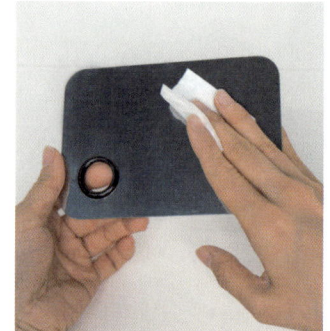
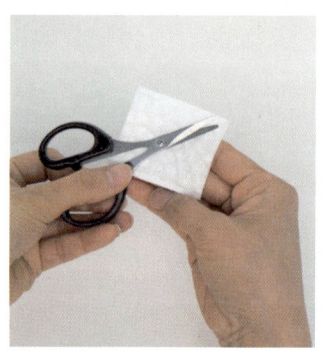

1. 소독제를 미용솜(탈지면)에 분사하여 손 및 철제도구 등 순서대로 소독한다. 이때, 소독제 분사방향이 모델, 제품 또는 다른 수험자를 향하면 감점이 될 수 있으니 바닥 또는 위생봉투를 향하도록 한다.

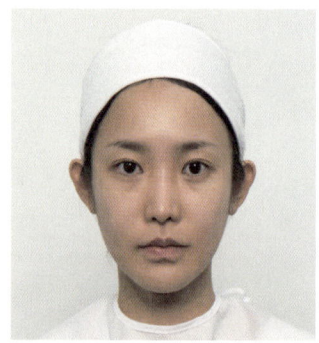

2. 모델은 문신(눈썹, 아이라인 등), 속눈썹 연장이 되어 있지 않아야 하며 뷰러 등을 미리 하지 않은 민낯으로 헤어터번과 어깨보를 착용한 상태여야 한다.

나. 모델의 피부타입에 맞는 메이크업베이스를 바르시오.

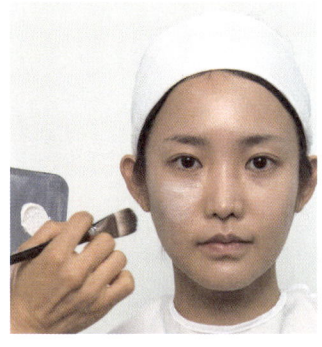 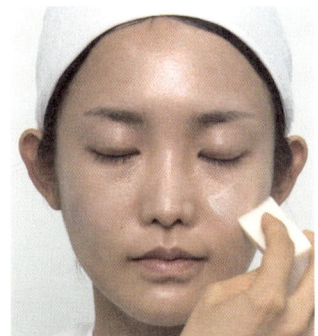

3. 믹싱팔레트에 메이크업베이스를 덜어 브러시 또는 퍼프로 볼, 이마 등 넓은 부위부터 눈주변, 코, 입 등 좁은 부위의 순으로 펴 바른다.

다. 파운데이션을 가볍게 바르고 모델 피부톤보다 한톤 어둡게 피부 표현하시오.

 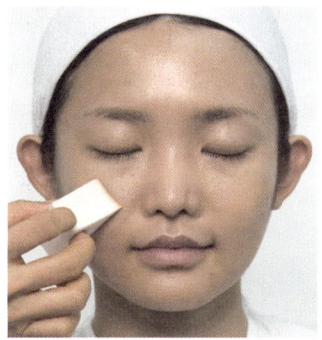

4. 모델의 피부보다 한 톤 어두운 컬러의 파운데이션을 믹싱팔레트에 덜어 스펀지를 이용하여 패팅과 슬라이딩 기법으로 펴 바른다. 이때 파운데이션 제형은 리퀴드, 크림, 스틱 등 모든 타입이 가능하지만 빠르고 커버력 있게 표현하기 용이한 크림파운데이션을 추천한다.

라. 섀딩 컬러로 얼굴의 굴곡부분을 자연스럽게 표현하시오.

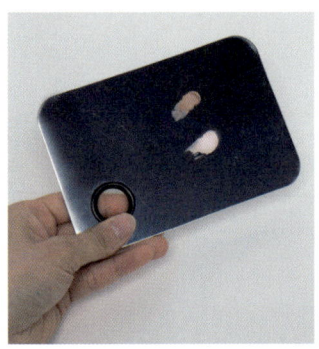

<u>5</u>. 믹싱팔레트에 하이라이트컬러와 섀딩컬러의 크림 파운데이션을 덜어 둔다.

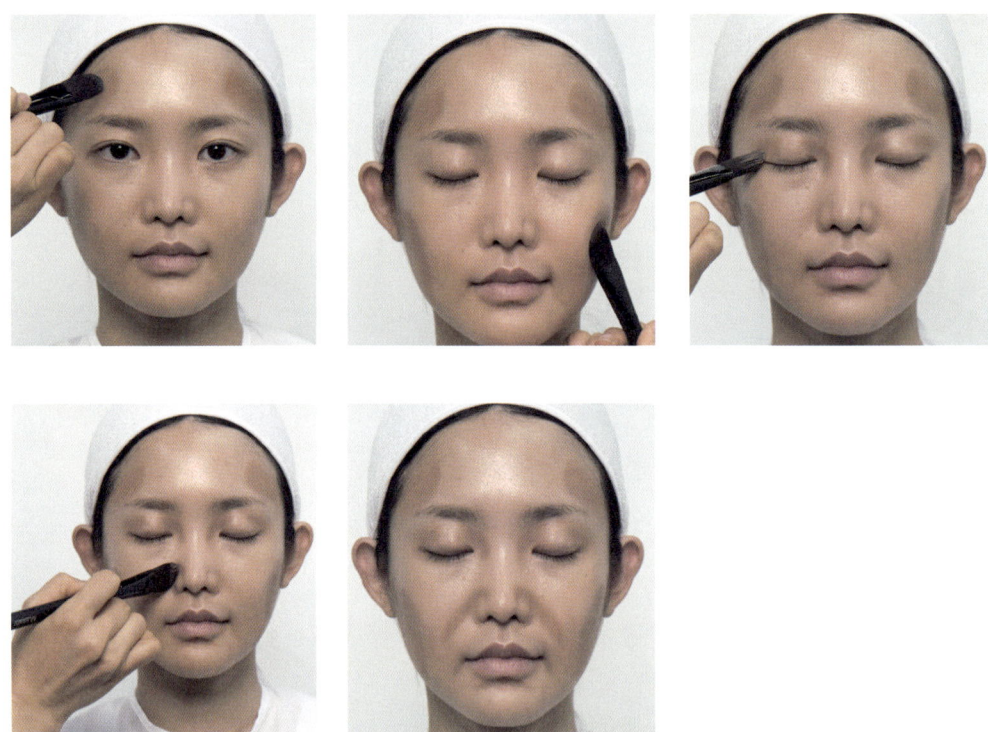

<u>6</u>. 브러시로 섀딩컬러를 눈썹 뼈 위 관자놀이, 옆 볼, 눈, 팔자주름, 입술 등에 도포하여 가장 큰 굴곡의 형태를 가이드해준다.

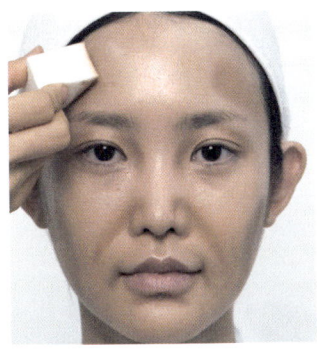 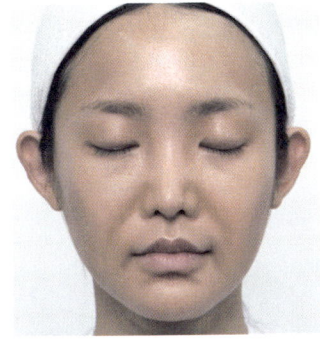

7. 브러시로 도포한 섀딩영역을 스펀지로 펴 발라 그라데이션해준다.

마. 하이라이트 컬러를 이용하여 돌출부분을 도면과 같이 표현하시오.

 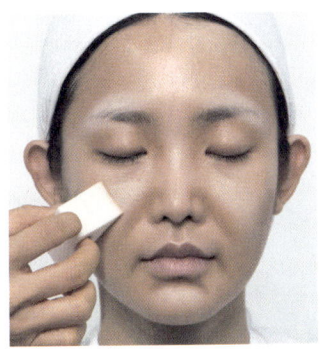

8. 브러시로 하이라이트컬러를 눈썹 뼈, 앞 볼, 눈, 턱 등에 도포하여 피부의 처짐과 패이거나 늘어진 표현을 입체감있게 해준다.

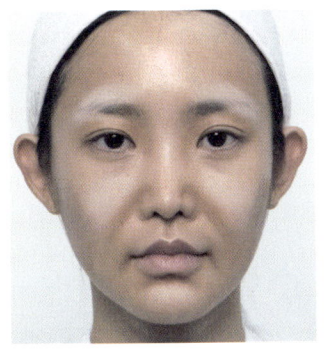 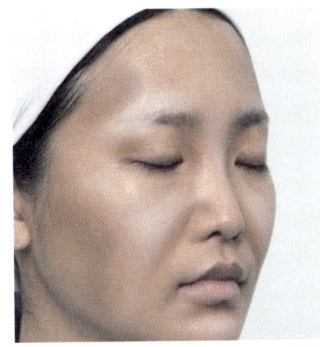 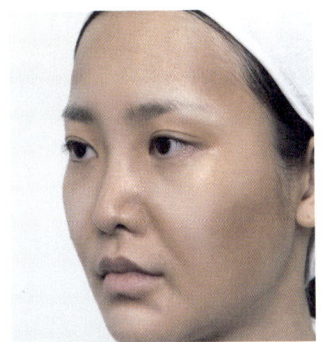

9. 가장 큰 굴곡의 섀딩과 하이라이드 형태 완성

10. 갈색 펜슬을 뾰족하게 깎고 그리면 자세한 주름 표현을 할 수 있다.

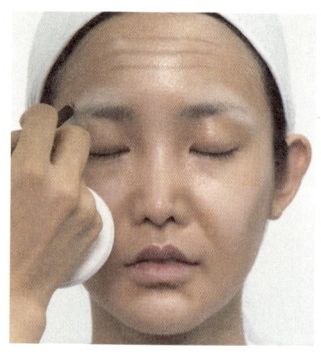 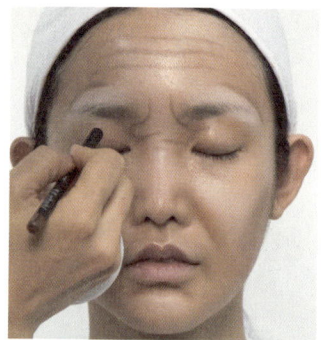

11. 이마부터 가로로 굴곡을 따라 자연스러운 3개의 주름을 그리고 눈썹 뼈 위 패임을 강조한다. 콧잔등의 3개의 주름 및 미간주름과 눈꺼풀 꺼짐 등을 표현한다.

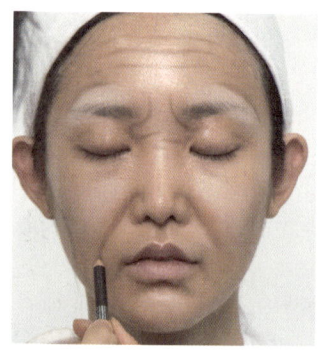 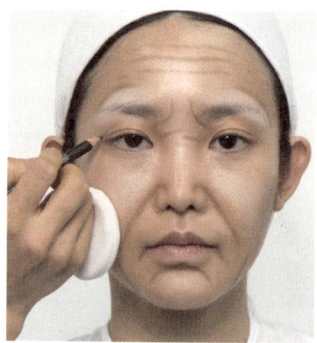

12. 눈가 주름은 방향을 다르게 하여 3개 그리고 눈 밑 늘어진 주름과 팔자주름, 입가에 처진 주름, 볼처짐 등을 표현한다.

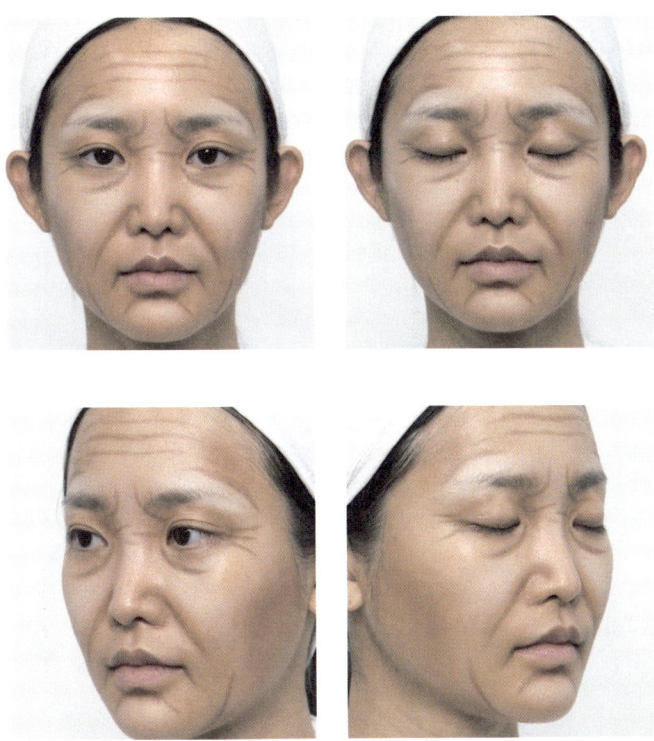

13. 자세한 주름 표현 완성

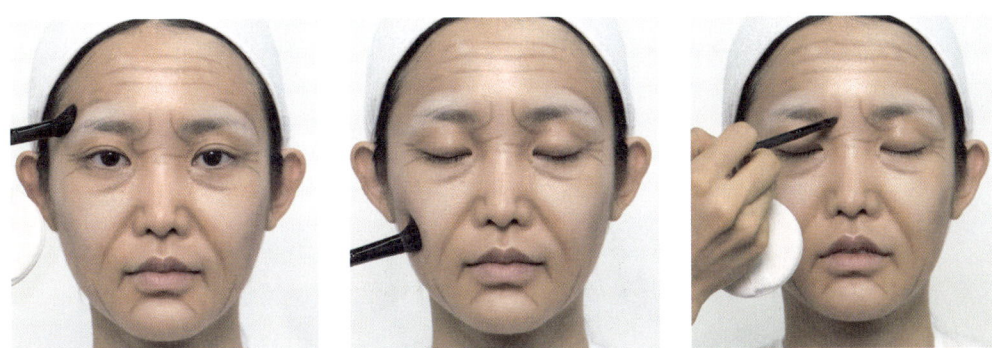

14. 펜슬로 그리고 난 후 넓은 영역은 굵은 브러시로 좁은 영역은 작은 브러시로 그라데이션 하여 자연스러운 주름을 마무리한다. 이때 주름을 그린 선의 위쪽으로 그라데이션 해야 얼굴에서의 음영감을 정확하게 표현할 수 있다.

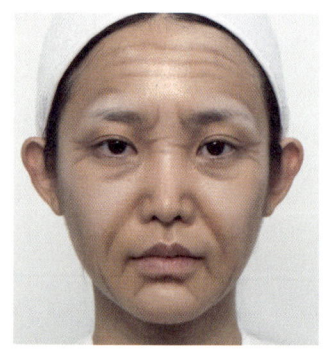

15. 주름에 섀딩 표현 완성

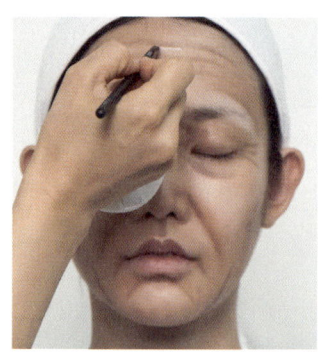 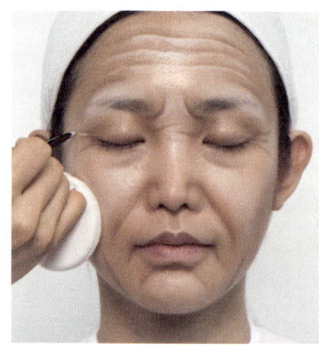 

16. 브러시를 이용하여 화이트 파운데이션을 소량씩 주름의 하이라이트 부분에 발라 입체감을 준다. 이때 주름을 그린 선 바로 아래 맞닿게 하이라이트 처리를 해야 얼굴에서의 음영감을 정확하게 표현할 수 있다.

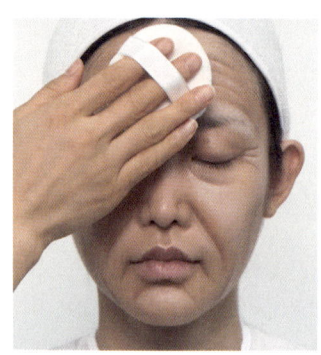 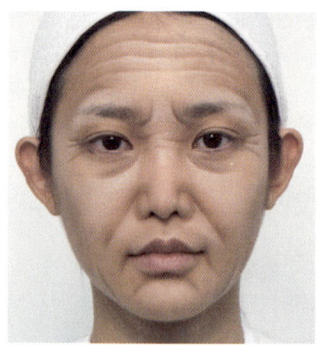

17. 파우더를 분첩에서 양 조절하여 얼굴 전체에 가볍게 두드리듯 바른다.

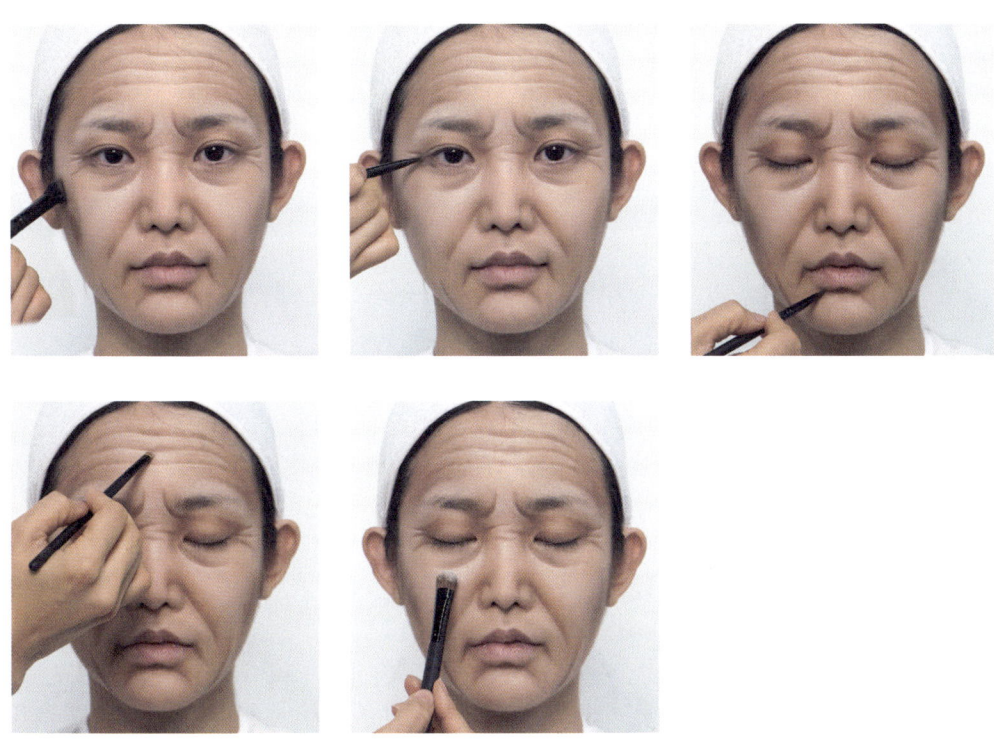

18. 섀도우로 섀딩과 하이라이트의 윤곽을 수정해준다.

바. 눈썹은 강하지 않게 회갈색을 이용하여 표현하시오.

19. 스크류 브러시에 화이트 파운데이션을 살짝 묻히고 눈썹결에 쓸어 주며 노인의 눈썹을 연출한다. 펜슬로 연하게 눈썹을 그리고 부족한 부분은 갈색 섀도우로 덧발라 준다.

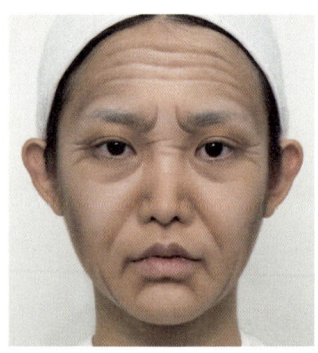

20. 눈썹 완성

사. 립컬러는 내추럴 베이지를 이용하여 아랫입술이 윗입술보다 두껍지 않게 표현하시오.

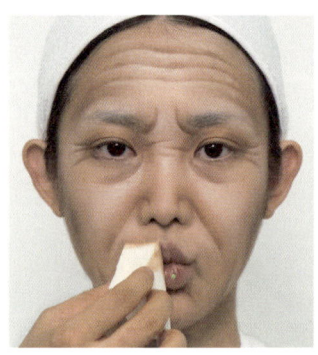 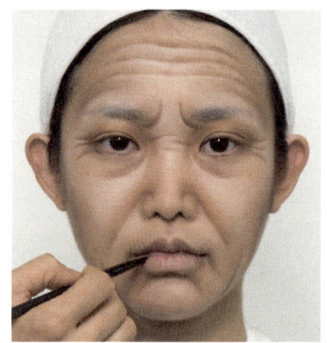

21. 모델의 입을 오므린 채 베이스 피부 톤의 파운데이션퍼프로 두드려주면 입술 주름이 두드러진다. 두드러진 주름을 섀딩컬러의 섀도우로 자연스럽게 그려준다.

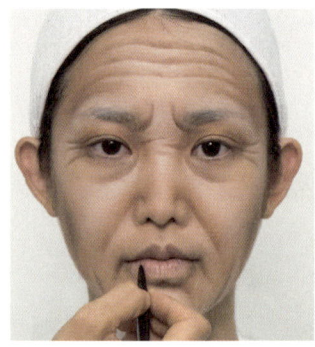

22. 베이지 컬러의 립 제품을 입술 주름이 지워지지 않게 세로로 터치하며 아랫입술이 두꺼워지지 않게 주의하며 바른다.

완성모습

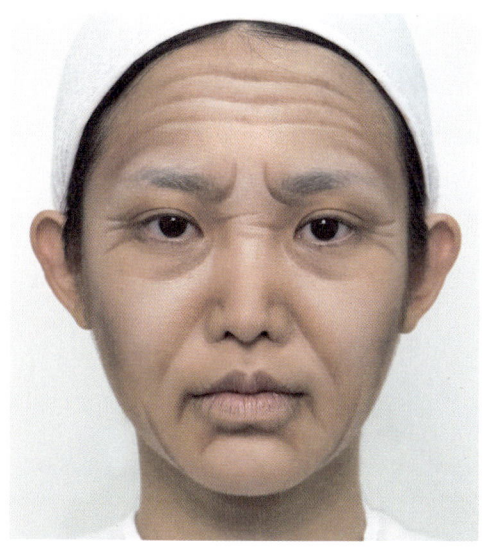
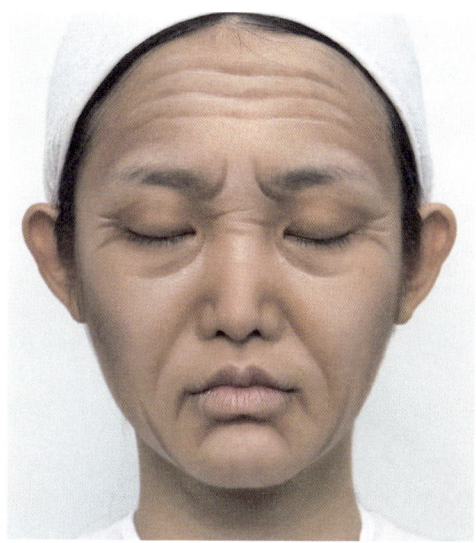

정면

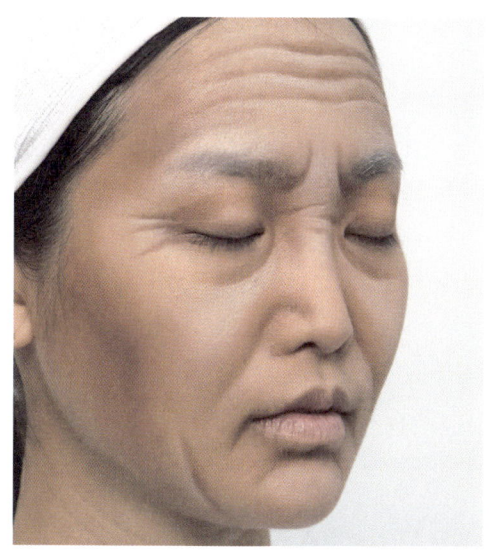
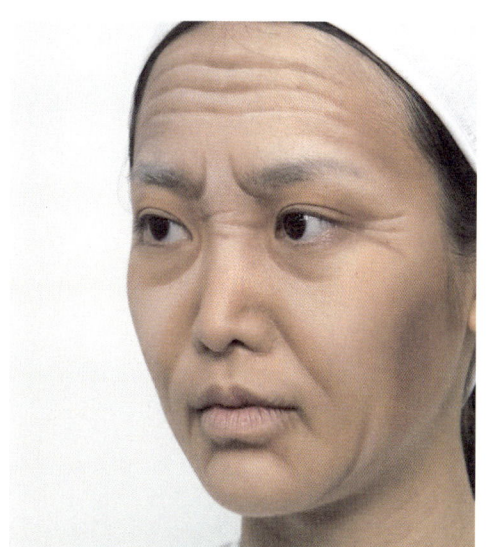

측면

미용사 메이크업 실기
Make-up

CHAPTER 10 [4과제] 속눈썹 익스텐션

| 시간 | 25분 | 배점 | 15점 | 척도 | NS |

준비물

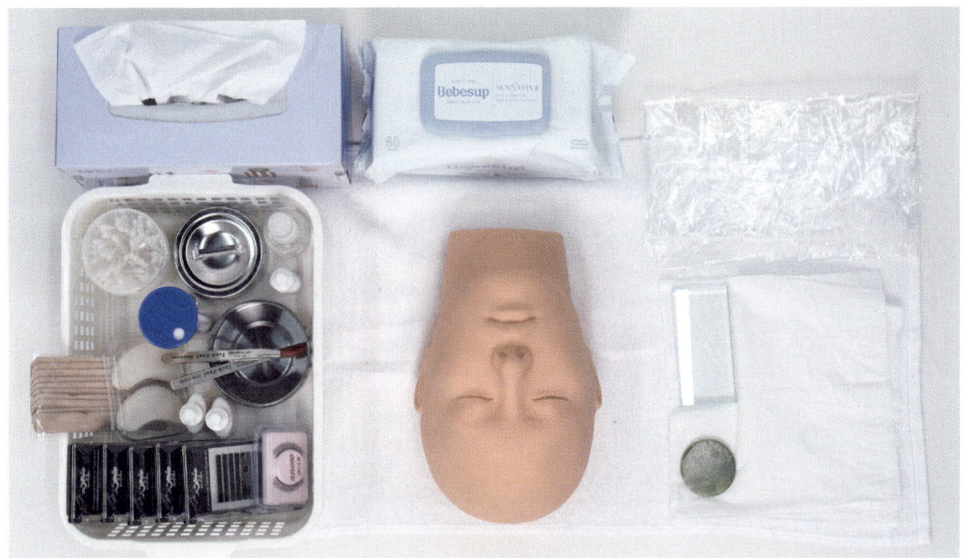

- 소독 및 위생도구 : 위생가운, 타월, 스프레이형 소독제, 미용솜, 미용솜 용기, 면봉, 면봉용기, 미용티슈, 위생봉투, 물티슈
- 속눈썹 연장 제품 : 속눈썹 전처리제, 속눈썹 글루, 글루판, 속눈썹 글루 리무버, 아이패치, 속눈썹 J컬 8, 9, 10, 11, 12mm, 속눈썹 판
- 기타도구 : 마네킹, 눈썹가위, 철제도구용기, 우드스파출라, 속눈썹 빗 등

심사기준

소독 : 3점	아이패치 : 2점	전처리제 : 2점
속눈썹 : 3점	완성도 : 4점	총 30점

1. 속눈썹 익스텐션(왼쪽)

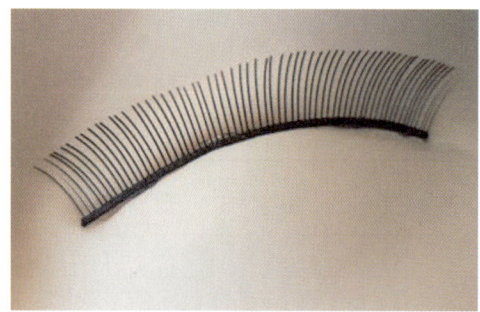 

자격종목	미용사(메이크업)	과제명	속눈썹 익스텐션 (왼쪽)	시험시간	25분

1) 요구사항 (4과제)

+ 지참재료 및 도구를 사용하여 아래의 요구사항에 따라 속눈썹 연장술을 시험시간 내에 완성하시오.

가. 5~6mm의 인조 속눈썹이 부착된 마네킹을 준비하시오.

나. 과제를 수행하기 전 수험자의 손 및 도구류와 마네킹의 작업부위를 소독한 후 적절한 위치에 아이패치를 부착하시오.

다. 일회용 도구를 사용하여 전처리제를 균일하게 도포하시오.

라. 연장하는 속눈썹은 J컬 타입으로 길이 8, 9, 10, 11, 12mm, 두께 0.15~0.2mm의 싱글모를 사용하시오.

마. 제시된 도면과 같이 전체적으로 중앙이 길어 보이는 라운드형(부채꼴 디자인)의 속눈썹 익스텐션(왼쪽)을 완성하시오.

바. 마네킹에 부착된 속눈썹 한 개당 하나의 속눈썹(J컬)만 연장하시오.

사. 5가지 길이(8, 9, 10, 11, 12mm)의 속눈썹(J컬)을 모두 사용하여 자연스러운 디자인이 되도록 완성하시오.

아. 모근에서 1mm~1.5mm를 반드시 떨어뜨려 부착하시오.

자. 왼쪽 인조 속눈썹에 최소 40가닥 이상의 속눈썹(J컬)을 연장하시오(단, 눈 앞머리 부분의 속눈썹 2~3가닥은 연장하지 마시오).

시트지에 연습하기

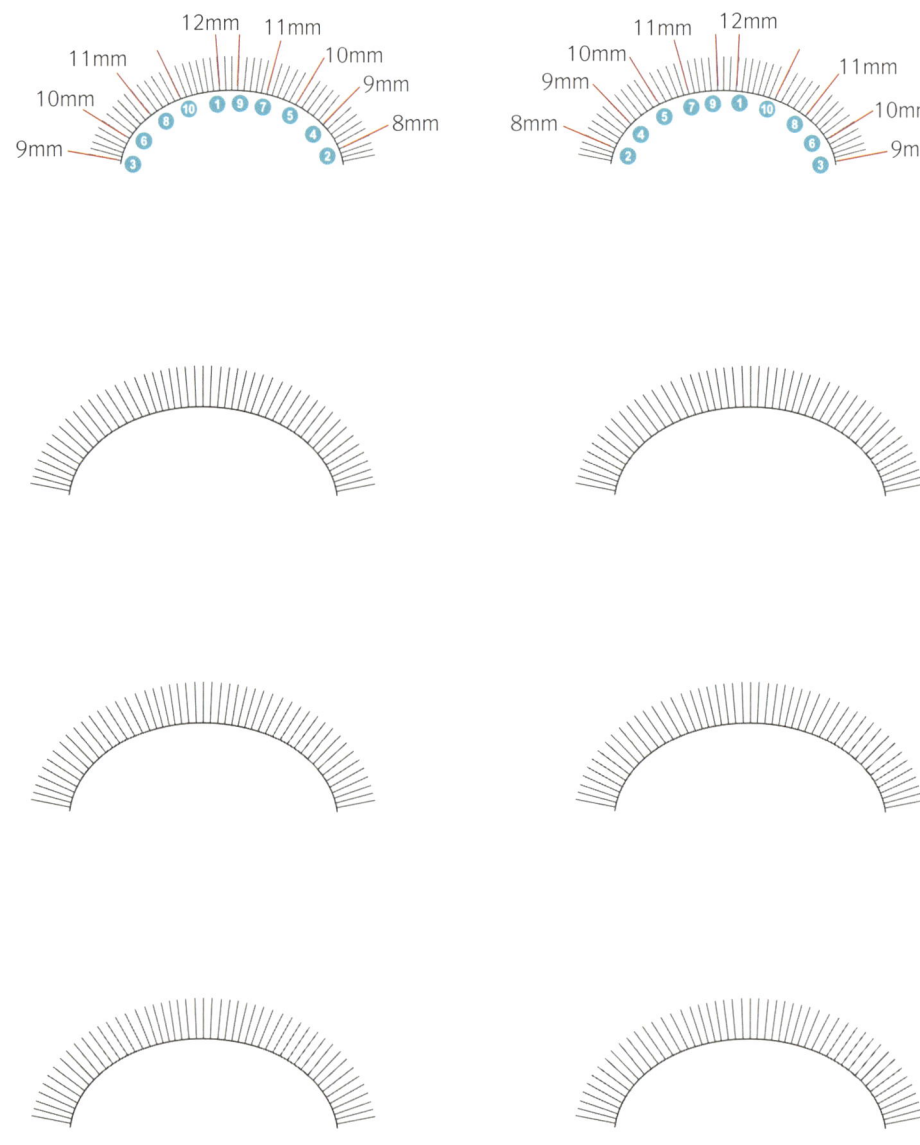

💧 TIP

마네킹에 직접 시술하기 전 시트지에 연습해보면 이론적으로 과제를 이해하는 데 도움이 됩니다.

자격종목	미용사(메이크업)	과제명	속눈썹 익스텐션 (왼쪽)	시험시간	25분

2) 수험자 유의사항

① 마네킹은 속눈썹 연장이 되어있지 않은 인조 속눈썹만 부착되어 있는 상태이어야 합니다.

② 핀셋 등의 도구류를 사용 전 소독제로 소독해야 합니다.

③ 전처리제가 눈에 들어가지 않도록 나무 스파출라를 속눈썹 아래에 받쳐서 작업하시오.

④ 속눈썹 연장용 아이패치 이외의 테이프류 및 인증이 되지 않은 글루는 사용할 수 없습니다.

⑤ 마네킹의 왼쪽 인조 속눈썹에만 작업하시오.

⑥ 작업 시 연장하는 속눈썹(J컬)을 신체부위(손등, 이마 등)에 올려놓고 사용할 수 없습니다.

3) 시술 과정

가. 5~6mm의 인조 속눈썹이 부착된 마네킹을 준비하시오.

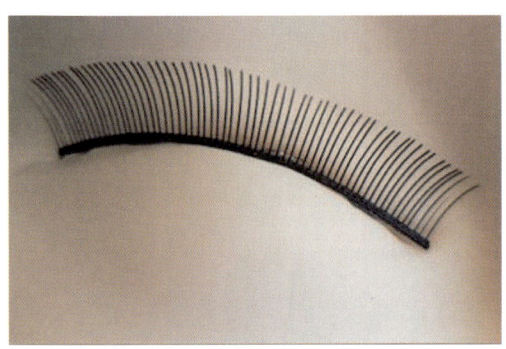

1. 4과제 시작에 앞서 속눈썹 익스텐션 왼쪽, 오른쪽, 수염 중 시험 과제가 발표되고 재료 세팅 및 준비시간이 주어지므로 속눈썹 익스텐션(왼쪽)이 제시될 경우 마네킹의 왼쪽 눈에 5~6mm 인조 속눈썹을 부착하고 시험을 준비한다. 이때 인조 속눈썹은 시술 시 마네킹에서 떨어지지 않도록 인조 속눈썹 접착제를 이용하여 붙여준다.

나. 과제를 수행하기 전 수험자의 손 및 도구류와 마네킹의 작업부위를 소독한 후 적절한 위치에 아이패치를 부착하시오.

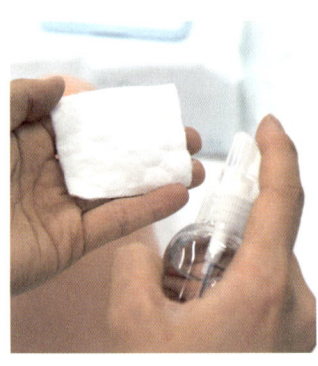 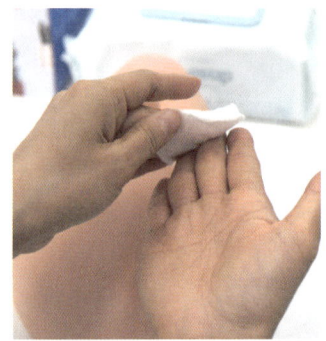

2. 소독제를 미용솜(탈지면)에 분사하여 손을 닦는다. 이때, 소독제 분사방향이 모델, 제품 또는 다른 수험자를 향하면 감점이 될 수 있으니 바닥 또는 위생봉투를 향하도록 한다.

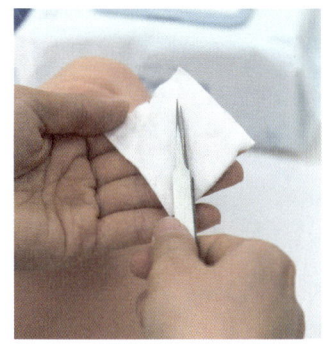 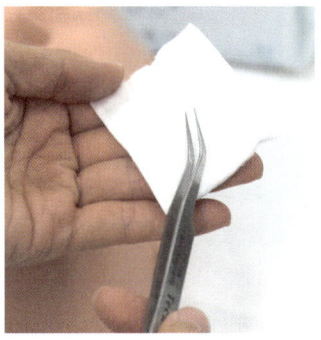

3. 소독제를 분사한 미용솜(탈지면)으로 철제도구 등을 닦는다.

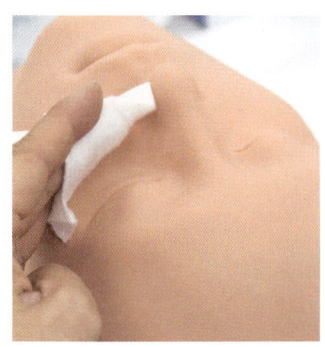

4. 소독제를 분사한 미용솜(탈지면)으로 마네킹의 눈 주변을 닦는다.

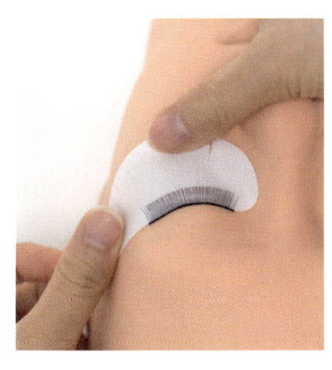 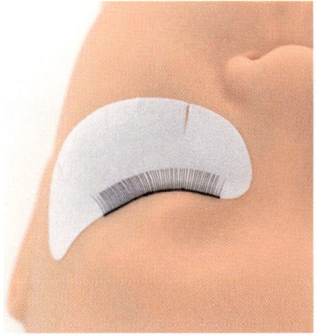

5. 마네킹의 왼쪽 눈 언더라인에 맞추어 아이패치를 붙여준다.

다. 일회용 도구를 사용하여 전처리제를 균일하게 도포하시오.

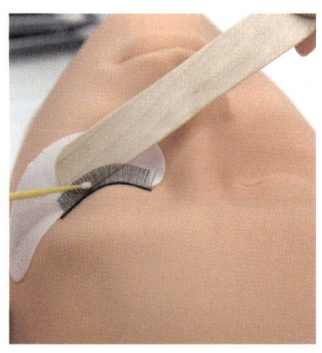

6. 가모 글루의 접착력을 높이기 위한 과정으로 우드 스파출라를 인조 속눈썹 아래에 대고 전처리제를 묻힌 면봉으로 균일하게 도포한다. 이때 우드 스파출라와 면봉은 사용 후 바로 위생봉투에 버린다.

라. 연장하는 속눈썹은 J컬 타입으로 길이 8, 9, 10, 11, 12mm, 두께 0.15~0.2mm의 싱글 모를 사용하시오.

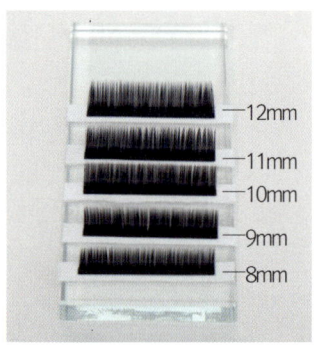

7. 속눈썹 판에 J컬 타입으로 길이 8, 9, 10, 11, 12mm, 두께 0.15~0.2mm의 가모를 한 줄씩 덜어내어 사용한다.

마. 제시된 도면과 같이 전체적으로 중앙이 길어 보이는 라운드형(부채꼴 디자인)의 속눈썹 익스텐션(왼쪽)을 완성하시오.

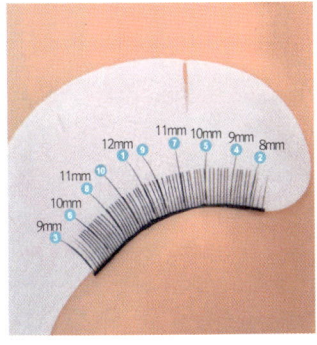 

8. 눈 앞머리에 길이 8mm, 중앙에 12mm, 눈 꼬리쪽은 9mm로 마무리하여 전체적으로 라운드형(부채꼴)이 되도록 한다.

바. 마네킹에 부착된 속눈썹 한 개당 하나의 속눈썹(J컬)만 연장하시오.

9. 마네킹에 부착한 인조 속눈썹의 한 올당 한 가닥의 가모만 붙여야 한다. 이때 글루는 사용 전 충분히 흔들어 주어야 하며 사용 시에는 쉽게 굳을 수 있으므로 글루판에 수직으로 한 방울씩 짜는 것을 추천한다. 핀셋으로 가모 길이의 2/3 지점을 잡고 가모 길이의 1/3 지점까지 방울이 맺히지 않을 정도로 글루를 묻힌다.

사. 5가지 길이(8, 9, 10, 11, 12mm)의 속눈썹(J컬)을 모두 사용하여 자연스러운 디자인이 되도록 완성하시오.

아. 모근에서 1mm~1.5mm를 반드시 떨어뜨려 부착하시오.

자. 왼쪽 인조 속눈썹에 최소 40가닥 이상의 속눈썹(J컬)을 연장하시오(단, 눈 앞머리 부분의 속눈썹 2~3가닥은 연장하지 마시오).

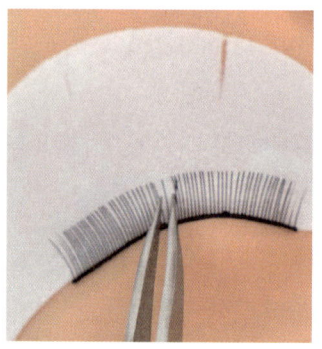 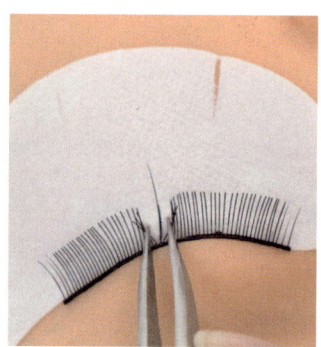

10. 인조속눈썹의 중앙을 가르고 12mm 가모를 얹어주듯 붙여준다. 이때 인조 속눈썹 뿌리에서 1~1.5mm를 반드시 떨어뜨려 부착해야 한다. 일자 핀셋으로는 인조 속눈썹을 가르고 곡자 핀셋으로는 가모를 붙이는 데 사용한다. 가모를 붙이는 개수는 눈 앞머리에 8mm를 약 5가닥, 앞과 뒤에 9, 10, 11, 12mm 약 10가닥씩하여 45가닥 정도 연장하는 것을 추천한다.

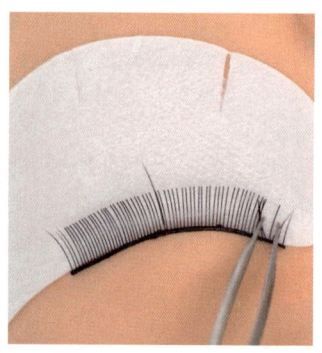 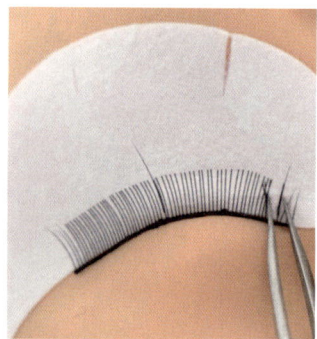

11. 눈 앞머리 2~3가닥을 제외하고 맨 앞 가닥에 8mm 가모를 얹어주듯 붙여준다.

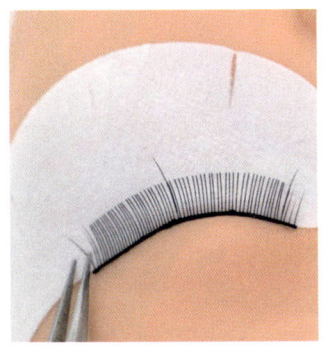 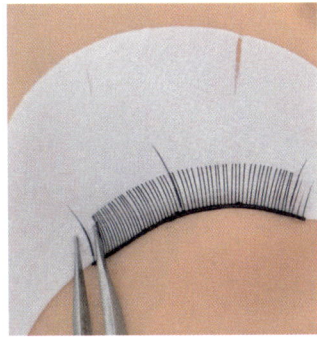

12. 인조속눈썹의 맨 뒤 가닥을 가르고 9mm 가모를 얹어주듯 붙여준다.

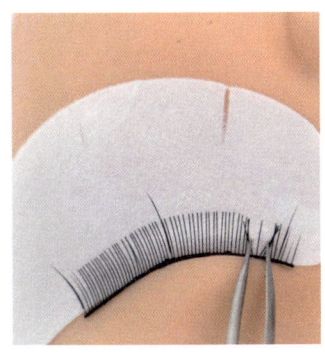 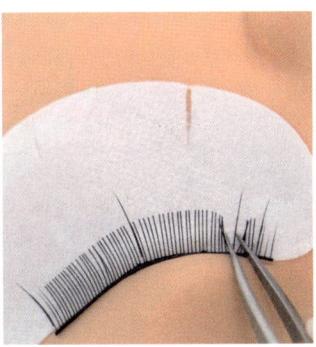

13. 8mm를 부착 할 5가닥을 띄고 다음 가닥을 가른 후 9mm 가모를 얹어주듯 붙여준다.

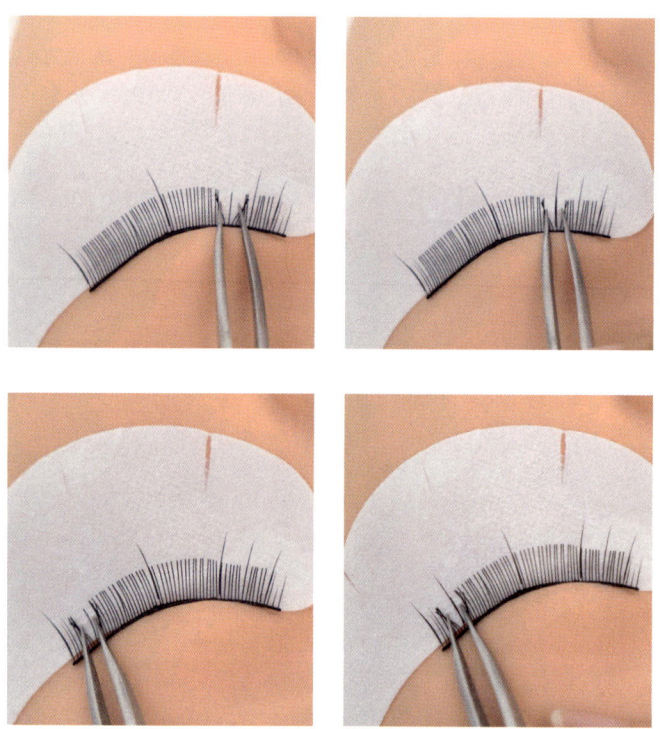

<u>14</u>. 맨 뒤 9mm를 부착할 약 5가닥 정도를 띄고 다음 가닥을 가른 후 10mm 가모를 얹어주듯 붙여준다.

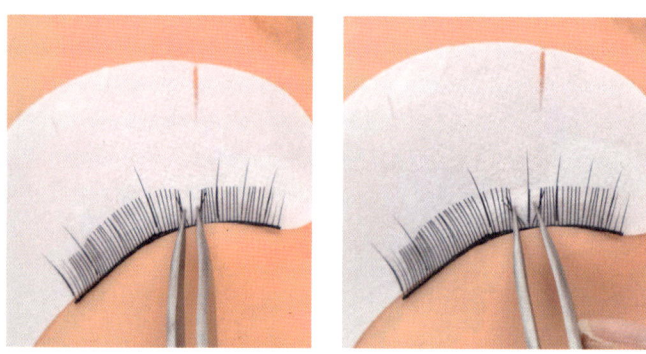

<u>15</u>. 앞에 10mm를 부착할 약 5가닥 정도를 띄고 다음 가닥을 가른 후 11mm 가모를 얹어주듯 붙여준다.

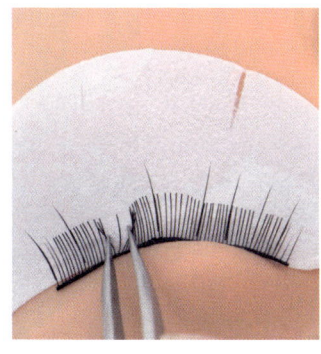 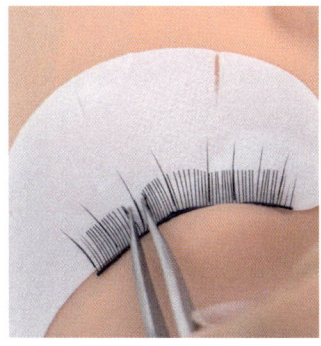

16. 뒤에 10mm를 부착할 약 5가닥 정도를 띄고 다음 가닥을 가른 후 11mm 가모를 얹어주듯 붙여준다.

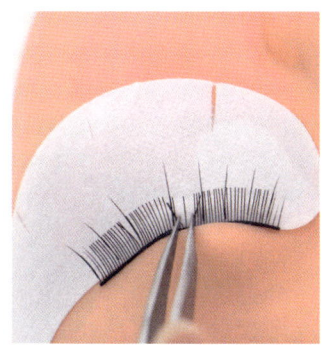 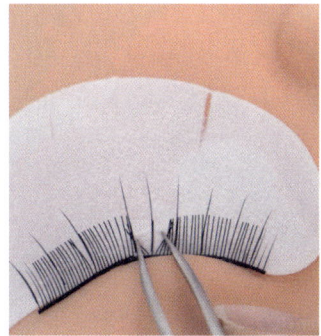

17. 앞에 11mm를 부착할 약 5가닥 정도를 띄고 다음 가닥을 가른 후 12mm 가모를 얹어주듯 붙여준다.

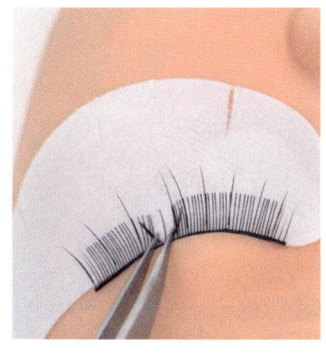 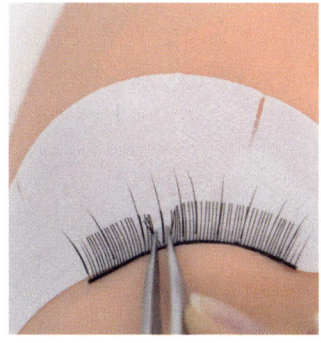

18. 뒤에 11mm를 부착할 약 5가닥 정도를 띄고 다음 가닥을 가른 후 12mm 가모를 얹어주듯 붙여준다.

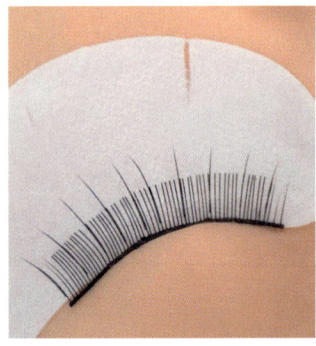

19. 다음과 같이 눈 앞머리부터 8mm를 약 5가닥, 9mm를 약 5가닥, 10mm를 약 5가닥, 11mm를 약 5가닥, 12mm를 약 5가닥, 12mm를 약 5가닥, 11mm를 약 5가닥, 10mm를 약 5가닥, 9mm를 약 5가닥으로 라운드형(부채꼴)의 가이드를 잡는다.

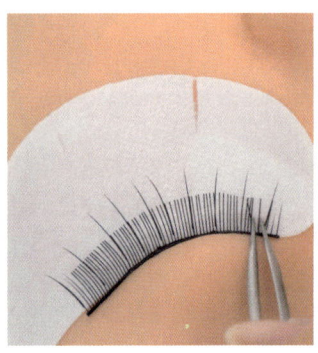 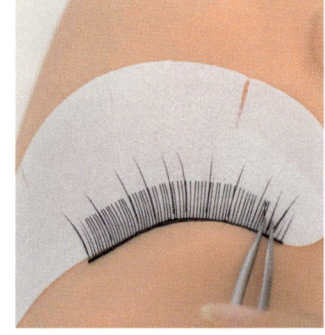

20. 앞에 2번째 8mm 가모를 얹어주듯 붙여준다.

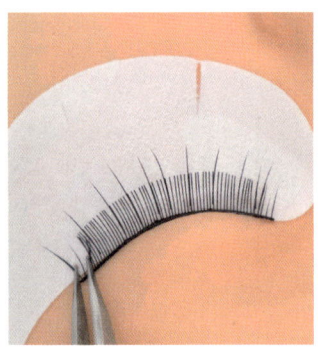 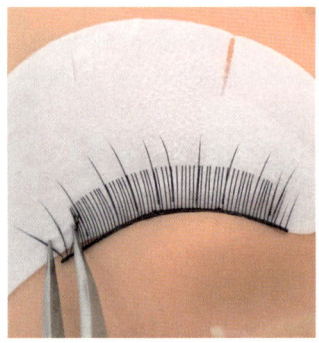

21. 뒤에 2번째 9mm 가모를 얹어주듯 붙여준다.

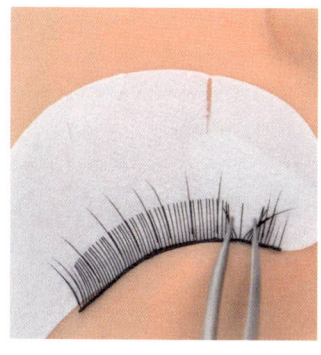 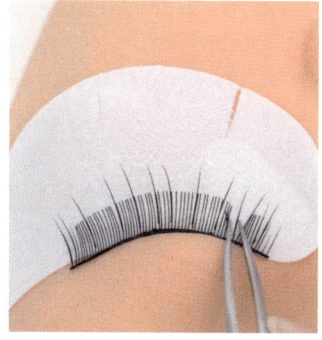

22. 앞에 2번째 9mm 가모를 얹어주듯 붙여준다.

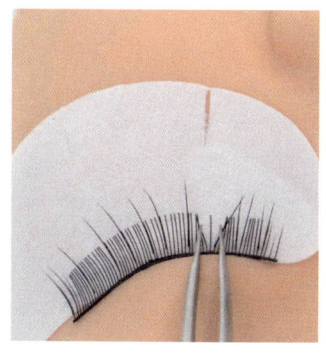 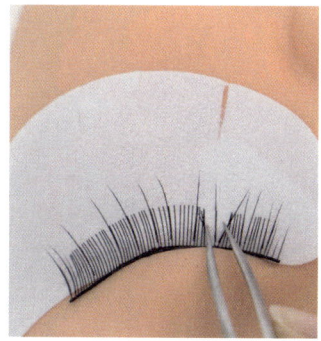

23. 앞에 2번째 10mm 가모를 얹어주듯 붙여준다.

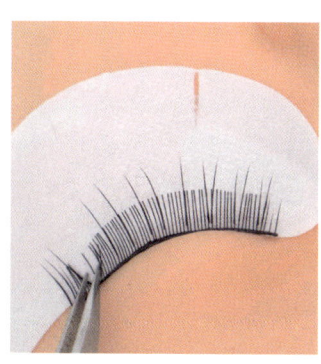 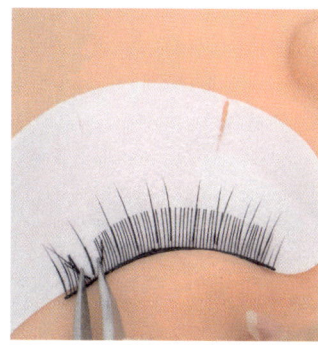

24. 뒤에 2번째 10mm 가모를 얹어주듯 붙여준다.

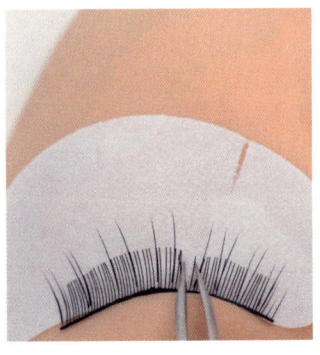 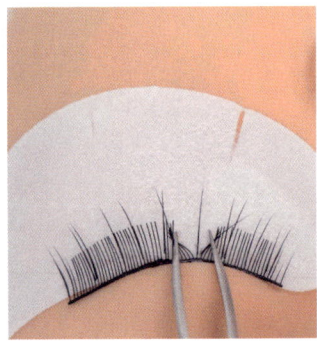

25. 앞에 2번째 11mm 가모를 얹어주듯 붙여준다.

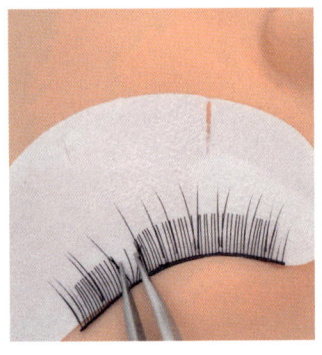 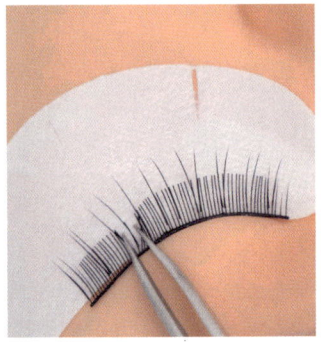

26. 뒤에 2번째 11mm 가모를 얹어주듯 붙여준다.

 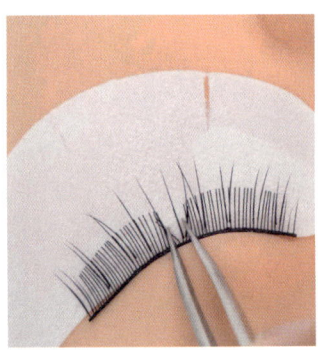

27. 중앙에 2번째 12mm 가모를 얹어주듯 붙여준다. 이후 동일한 방법으로 모든 가닥을 완성한다. 이때 한 가닥을 연장한 후 바로 옆 가닥을 진행하게 되면 서로 들러붙게 되므로 글루가 마를 시간을 주기 위해 앞과 뒤에 같은 길이 순서대로 왔다 갔다 하며 붙이는 것을 추천한다.

28. 연장이 끝난 후 속 눈썹 빗으로 가볍게 결 방향을 정리하며 떨어지는 가닥이 있는지 확인하며 마무리한다.

완성모습

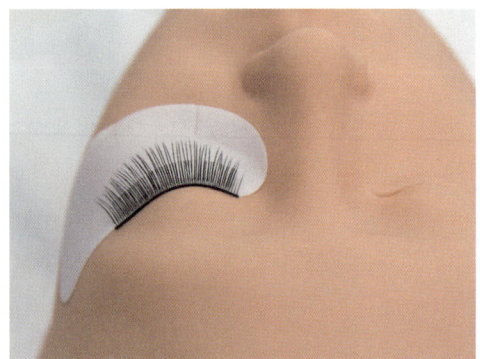

2. 속눈썹 익스텐션(오른쪽)

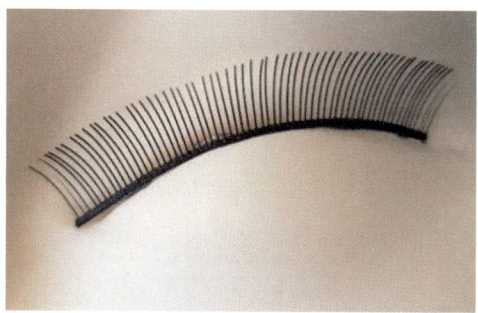 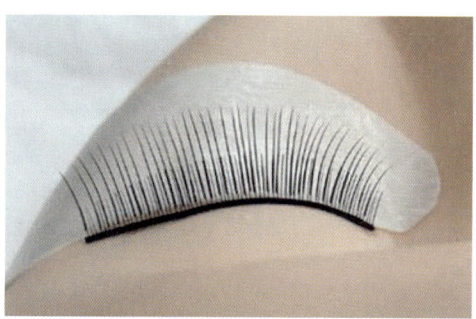

| 자격종목 | 미용사(메이크업) | 과제명 | 속눈썹 익스텐션 (오른쪽) | 시험시간 | 25분 |

1) 요구사항 (4과제)

+ 지참재료 및 도구를 사용하여 아래의 요구사항에 따라 속눈썹 연장술을 시험시간 내에 완성하시오.

가. 5~6mm의 인조 속눈썹이 부착된 마네킹을 준비하시오.

나. 과제를 수행하기 전 수험자의 손 및 도구류와 마네킹의 작업부위를 소독한 후 적절한 위치에 아이패치를 부착하시오.

다. 일회용 도구를 사용하여 전처리제를 균일하게 도포하시오.

라. 연장하는 속눈썹은 J컬 타입으로 길이 8, 9, 10, 11, 12mm, 두께 0.15~0.2mm의 싱글모를 사용하시오.

마. 제시된 도면과 같이 전체적으로 중앙이 길어 보이는 라운드형(부채꼴 디자인)의 속눈썹 익스텐션(오른쪽)을 완성하시오.

바. 마네킹에 부착된 속눈썹 한 개당 하나의 속눈썹(J컬)만 연장하시오.

사. 5가지 길이(8, 9, 10, 11, 12mm)의 속눈썹(J컬)을 모두 사용하여 자연스러운 디자인이 되도록 완성하시오.

아. 모근에서 1mm~1.5mm를 반드시 떨어뜨려 부착하시오.

자. 오른쪽 인조 속눈썹에 최소 40가닥 이상의 속눈썹(J컬)을 연장하시오(단, 눈 앞머리 부분의 속눈썹 2~3가닥은 연장하지 마시오).

시트지에 연습하기

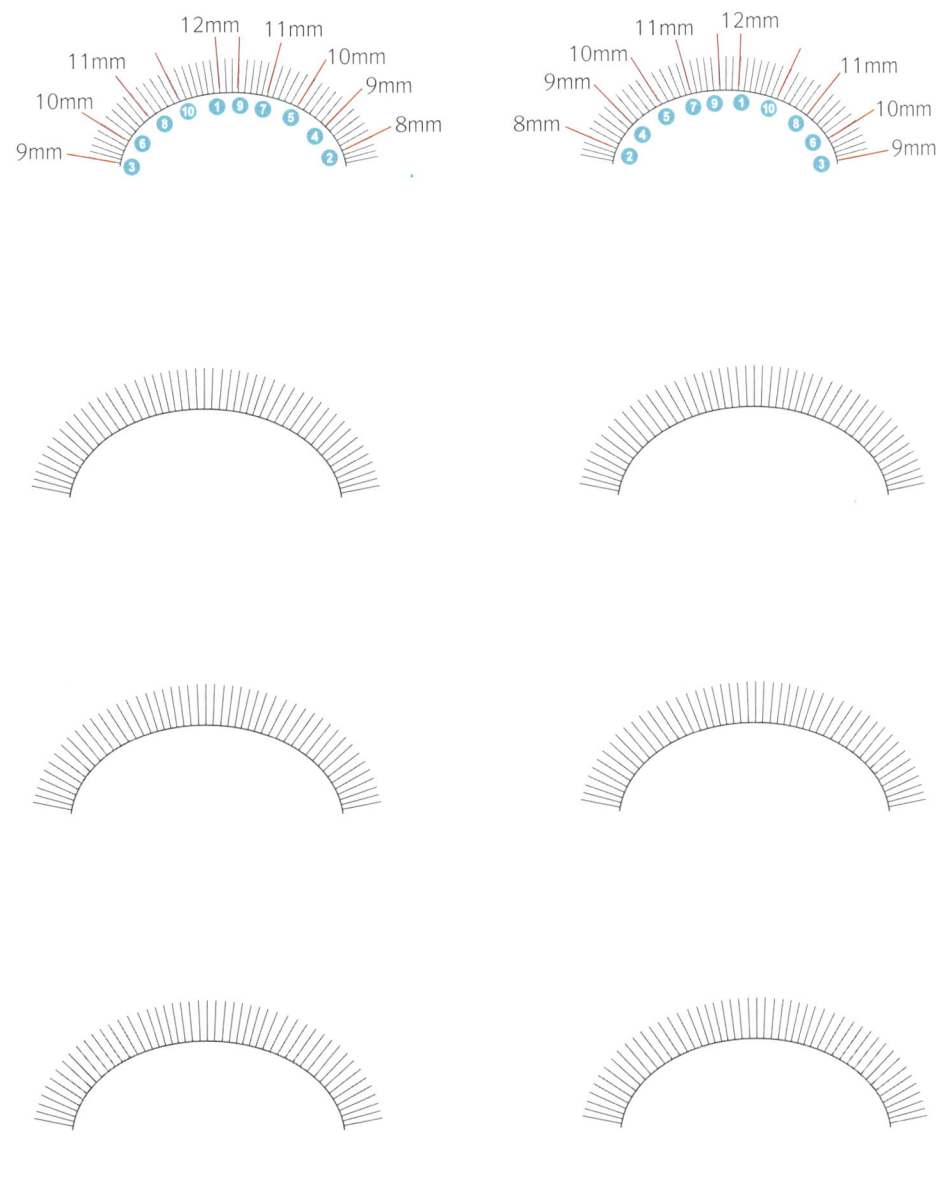

💡 TIP

마네킹에 직접 시술하기 전 시트지에 연습해보면 이론적으로 이해하는 데 도움이 됩니다.

자격종목	미용사(메이크업)	과제명	속눈썹 익스텐션 (오른쪽)	시험시간	25분

2) 수험자 유의사항

① 마네킹은 속눈썹 연장이 되어있지 않은 인조 속눈썹만 부착되어 있는 상태이어야 합니다.

② 핀셋 등의 도구류를 사용 전 소독제로 소독해야 합니다.

③ 전처리제가 눈에 들어가지 않도록 나무 스파출라를 속눈썹 아래에 받쳐서 작업하시오.

④ 속눈썹 연장용 아이패치 이외의 테이프류 및 인증이 되지 않은 글루는 사용할 수 없습니다.

⑤ 마네킹의 왼쪽 인조 속눈썹에만 작업하시오.

⑥ 작업 시 연장하는 속눈썹(J컬)을 신체부위(손등, 이마 등)에 올려놓고 사용할 수 없습니다.

3) 시술 과정

가. 5~6mm의 인조 속눈썹이 부착된 마네킹을 준비하시오.

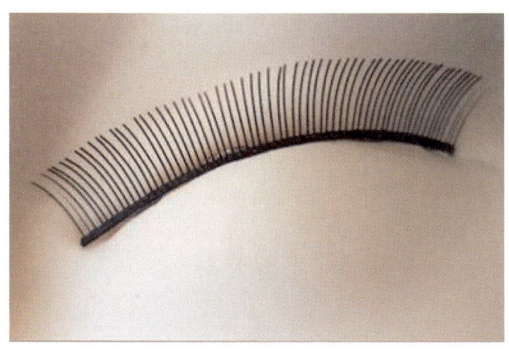

1. 4과제 시작에 앞서 속눈썹 익스텐션 왼쪽, 오른쪽, 수염 중 시험 과제가 발표되고 재료 세팅 및 준비시간이 주어지므로 속눈썹 익스텐션(오른쪽)이 제시될 경우 마네킹의 오른쪽 눈에 5~6mm 인조 속눈썹을 부착하고 시험을 준비한다. 이때 인조 속눈썹은 시술 시 마네킹에서 떨어지지 않도록 인조 속눈썹 접착제를 이용하여 붙여준다.

나. 과제를 수행하기 전 수험자의 손 및 도구류와 마네킹의 작업부위를 소독한 후 적절한 위치에 아이패치를 부착하시오.

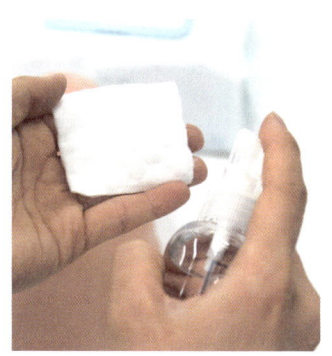 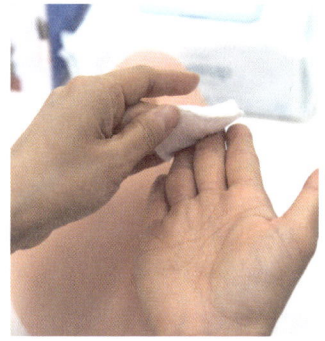

2. 소독제를 미용솜(탈지면)에 분사하여 손을 닦는다. 이때, 소독제 분사방향이 모델, 제품 또는 다른 수험자를 향하면 감점이 될 수 있으니 바닥 또는 위생봉투를 향하도록 한다.

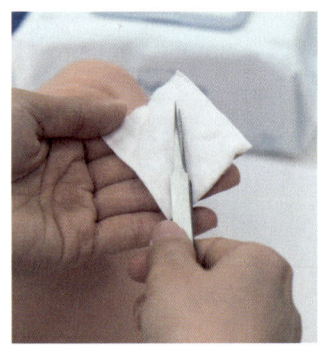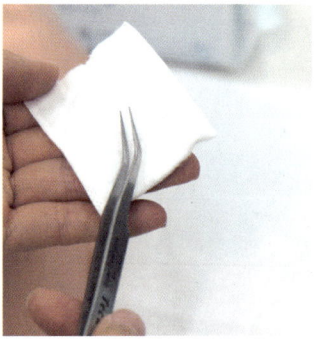

3. 소독제를 분사한 미용솜(탈지면)으로 철제도구 등을 닦는다.

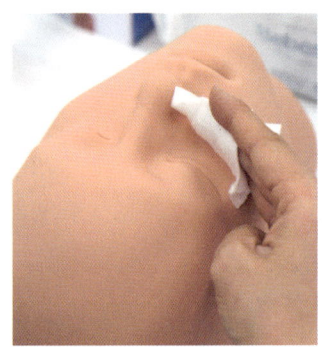

4. 소독제를 분사한 미용솜(탈지면)으로 마네킹의 눈 주변을 닦는다.

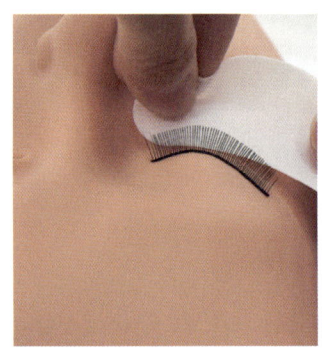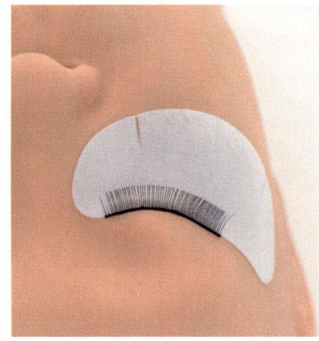

5. 마네킹의 왼쪽 눈 언더라인에 맞추어 아이패치를 붙여준다.

다. 일회용 도구를 사용하여 전처리제를 균일하게 도포하시오.

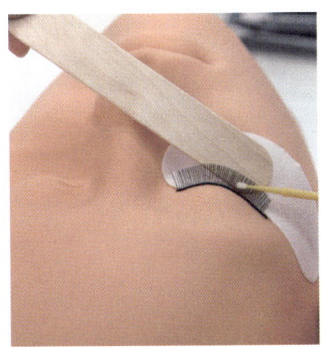

6. 가모 글루의 접착력을 높이기 위한 과정으로 우드 스파출라를 인조 속눈썹 아래에 대고 전처리제를 묻힌 면봉으로 균일하게 도포한다. 이때 우드 스파출라와 면봉은 사용 후 바로 위생봉투에 버린다.

라. 연장하는 속눈썹은 J컬 타입으로 길이 8, 9, 10, 11, 12mm, 두께 0.15~0.2mm의 싱글 모를 사용하시오.

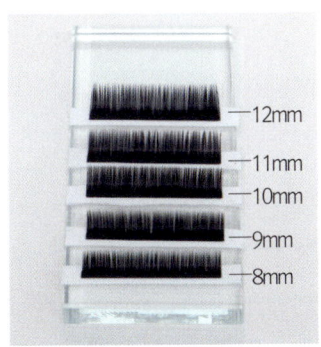

7. 속눈썹 판에 J컬 타입으로 길이 8, 9, 10, 11, 12mm, 두께 0.15~0.2mm의 가모를 한 줄씩 덜어내어 사용한다.

마. 제시된 도면과 같이 전체적으로 중앙이 길어 보이는 라운드형(부채꼴 디자인)의 속눈썹 익스텐션(오른쪽)을 완성하시오.

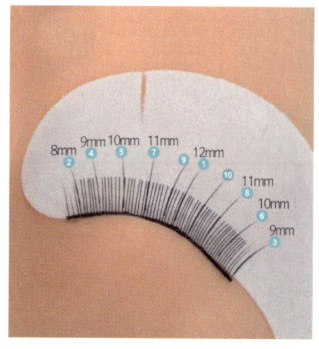 

8. 눈 앞머리에 길이 8mm, 중앙 부분은 12mm, 눈 꼬리쪽은 9mm로 마무리하여 전체적으로 라운드형(부채꼴)이 되도록 한다.

바. 마네킹에 부착된 속눈썹 한 개당 하나의 속눈썹(J컬)만 연장하시오.

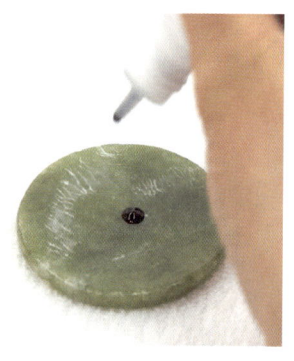 

9. 마네킹에 부착한 인조 속눈썹의 한 개당 한 가닥의 가모만 붙여야 한다. 이때 글루는 사용 전 충분히 흔들어 주어야 하며 사용 시에는 쉽게 굳을 수 있으므로 글루판에 수직으로 한 방울씩 짜는 것을 추천한다. 핀셋으로 가모 길이의 2/3 지점을 잡고 가모 길이의 1/3 지점까지 방울이 맺히지 않을 정도로 글루를 묻힌다.

사. 5가지 길이(8, 9, 10, 11, 12mm)의 속눈썹(J컬)을 모두 사용하여 자연스러운 디자인이 되도록 완성하시오.

아. 모근에서 1mm~1.5mm를 반드시 떨어뜨려 부착하시오.

자. 오른쪽 인조 속눈썹에 최소 40가닥 이상의 속눈썹(J컬)을 연장하시오(단, 눈 앞머리 부분의 속눈썹 2~3가닥은 연장하지 마시오).

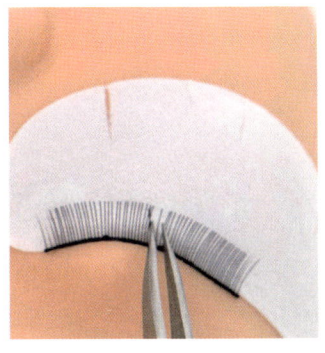 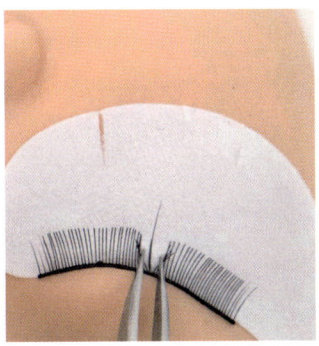

<u>10</u>. 인조속눈썹의 중앙을 가르고 12mm 가모를 얹어주듯 붙여준다. 이때 인조 속눈썹 뿌리에서 1~1.5mm를 반드시 떨어뜨려 부착해야 한다. 일자 핀셋으로는 인조 속눈썹을 가르고 곡자 핀셋으로는 가모를 붙이는 데 사용한다. 가모를 붙이는 개수는 눈 앞머리에 8mm를 약 5가닥, 앞과 뒤에 9, 10, 11, 12mm 약 10가닥씩하여 45가닥 정도 연장하는 것을 추천한다.

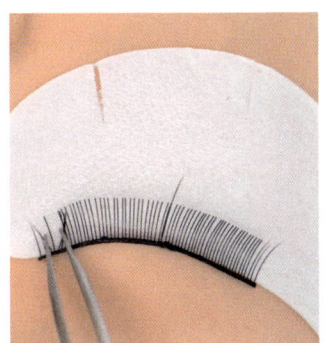 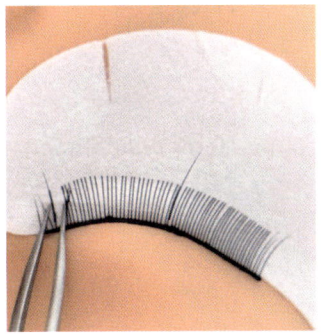

<u>11</u>. 눈 앞머리 2~3가닥을 제외하고 맨 앞 가닥에 8mm 가모를 얹어주듯 붙여준다.

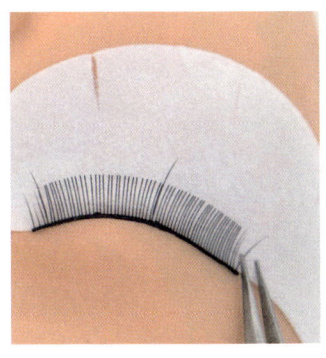 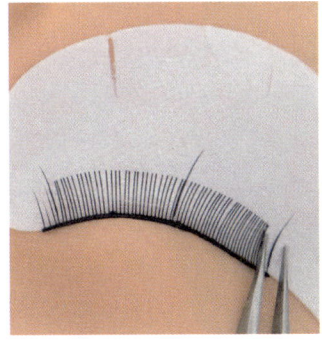

<u>12</u>. 인조속눈썹의 맨 뒤 가닥을 가르고 9mm 가모를 얹어주듯 붙여준다.

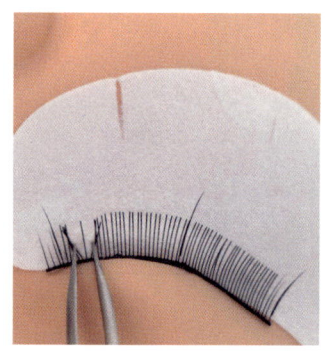 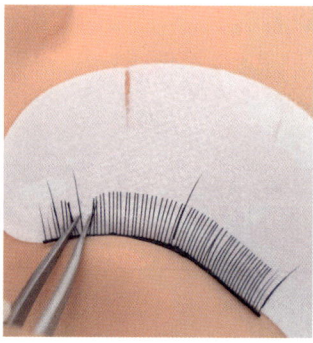

13. 8mm를 부착할 5가닥을 띄고 다음 가닥을 가른 후 9mm 가모를 얹어주듯 붙여준다.

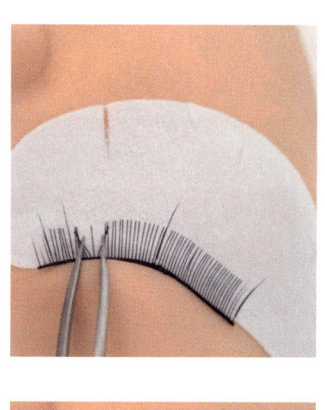 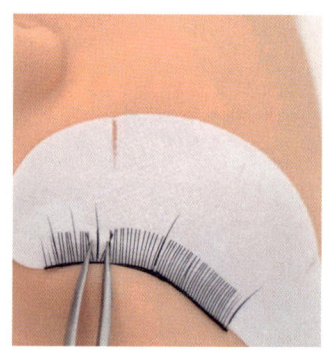

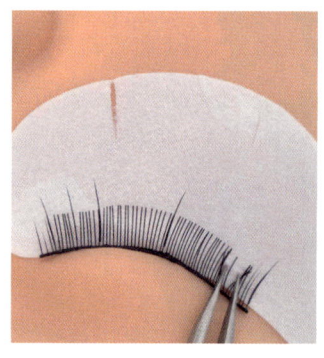 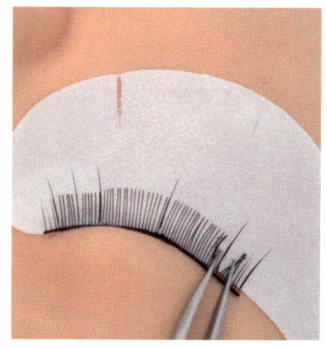

14. 뒤에 9mm를 부착할 약 5가닥 정도를 띄고 다음 가닥을 가른 후 10mm 가모를 얹어주듯 붙여준다.

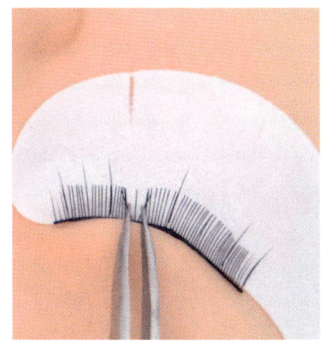 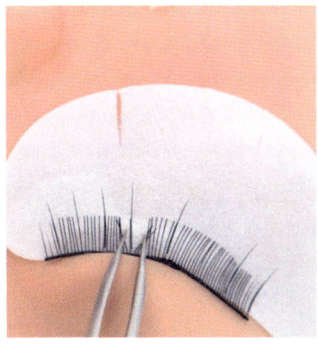

15. 앞에 10mm를 부착할 약 5가닥 정도를 띄고 다음 가닥을 가른 후 11mm 가모를 얹어주듯 붙여준다.

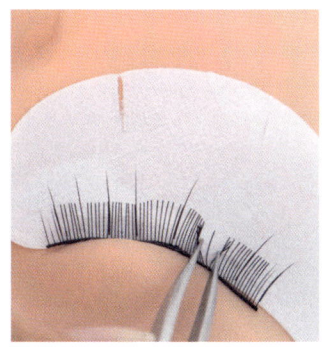 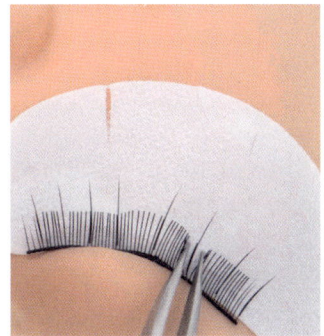

16. 뒤에 10mm를 부착할 약 5가닥 정도를 띄고 다음 가닥을 가른 후 11mm 가모를 얹어주듯 붙여준다.

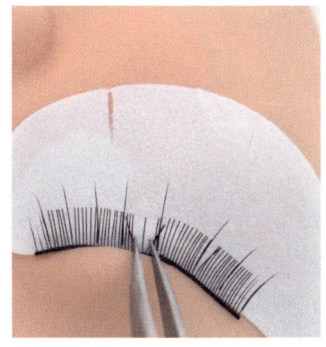 

17. 앞에 11mm를 부착할 약 5가닥 정도를 띄고 다음 가닥을 가른 후 12mm 가모를 얹어주듯 붙여준다.

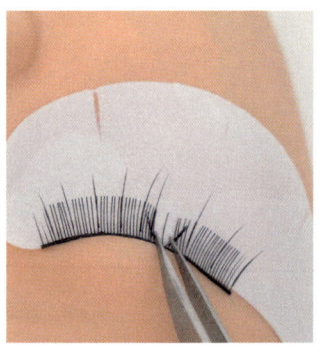 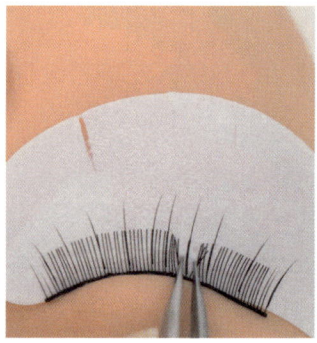

18. 뒤에 11mm를 부착할 약 5가닥 정도를 띄고 다음 가닥을 가른 후 12mm 가모를 얹어주듯 붙여준다.

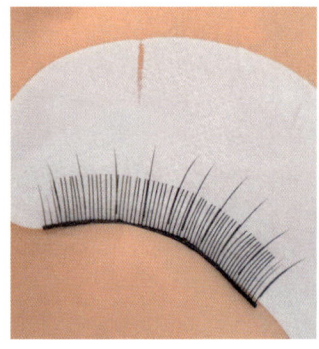

19. 같이 눈 앞머리부터 8mm를 약 5가닥, 9mm를 약 5가닥, 10mm를 약 5가닥, 11mm를 약 5가닥, 12mm를 약 5가닥, 12mm를 약 5가닥, 11mm를 약 5가닥, 10mm를 약 5가닥, 9mm를 약 5가닥으로 라운드형(부채꼴)의 가이드를 잡는다.

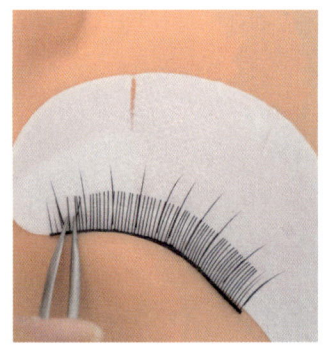 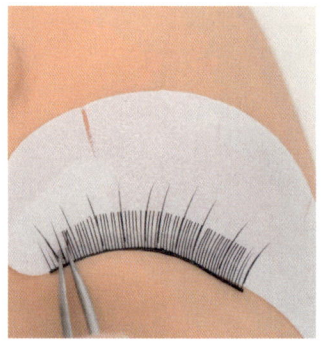

20. 앞에 2번째 8mm 가모를 얹어주듯 붙여준다.

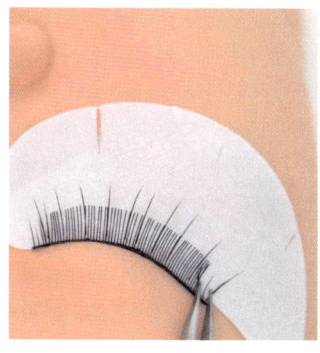 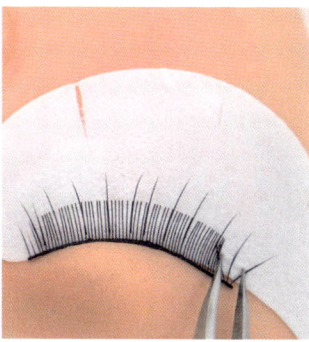

21. 뒤에 2번째 9mm 가모를 얹어주듯 붙여준다.

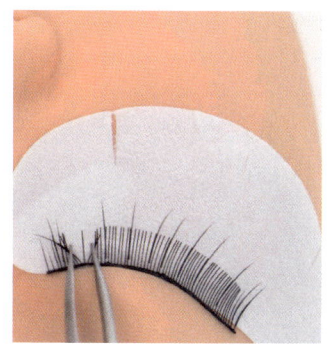 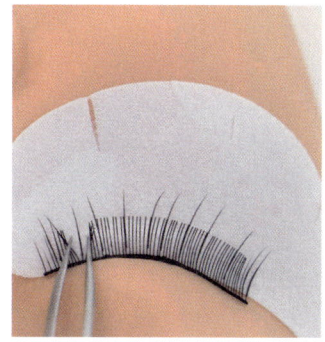

22. 앞에 2번째 9mm 가모를 얹어주듯 붙여준다.

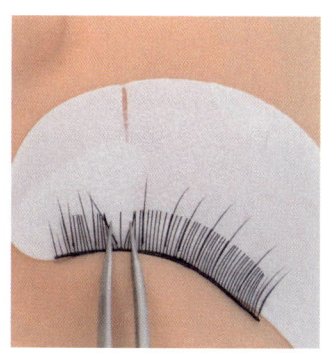 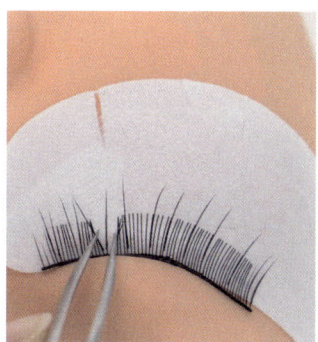

23. 앞에 2번째 10mm 가모를 얹어주듯 붙여준다.

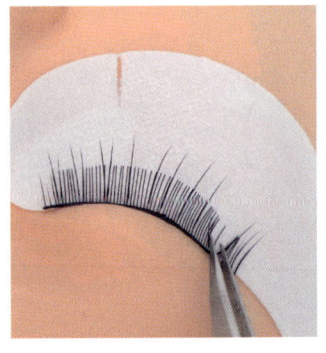 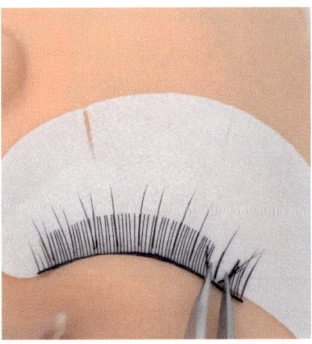

24. 뒤에 2번째 10mm 가모를 얹어주듯 붙여준다.

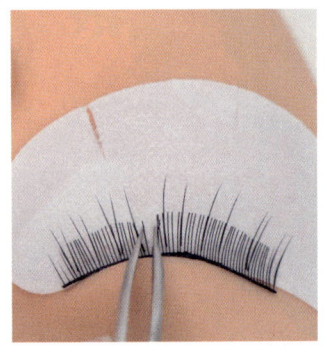 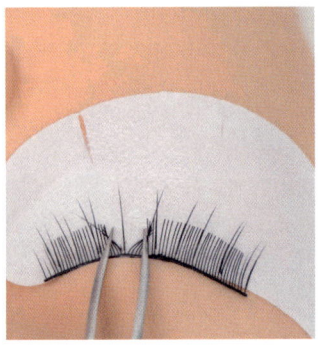

25. 앞에 2번째 11mm 가모를 얹어주듯 붙여준다.

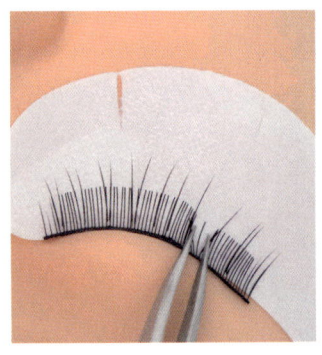 

26. 뒤에 2번째 11mm 가모를 얹어주듯 붙여준다.

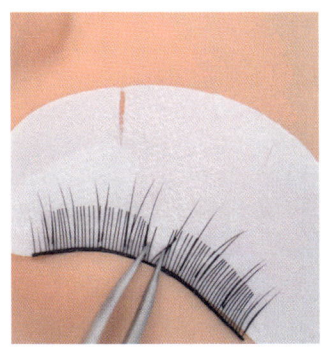 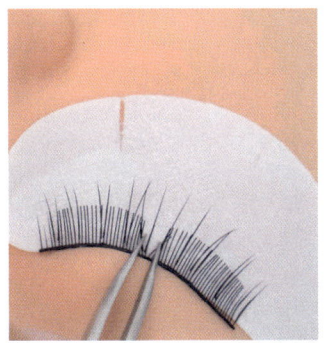

27. 중앙에 2번째 12mm 가모를 얹어주듯 붙여준다. 이후 동일한 방법으로 모든 가닥을 완성한다. 이때 한 가닥을 연장한 후 바로 옆 가닥을 진행하게 되면 서로 들러붙게 되므로 글루가 마를 시간을 주기 위해 앞 부분과 뒤 부분에 같은 길이의 순서대로 왔다 갔다 하며 붙이는 것을 추천한다.

28. 연장이 끝난 후 속 눈썹 빗으로 가볍게 결 방향을 정리하며 떨어지는 가닥이 있는지 확인하며 마무리한다.

완성모습

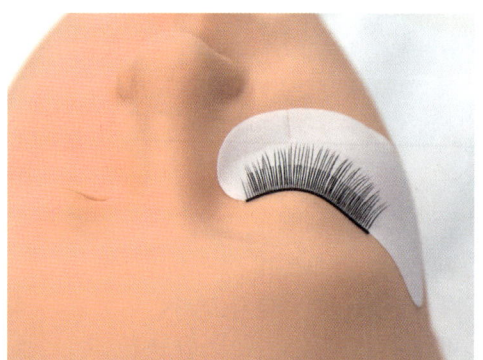
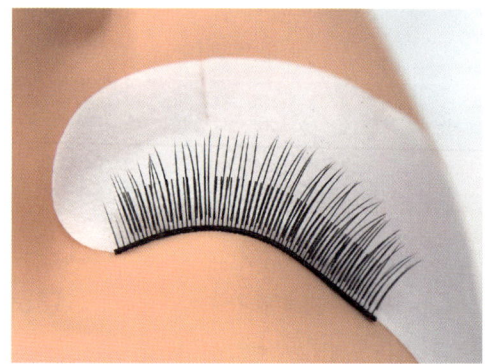

MEMO

미용사 메이크업 실기

Make-up

CHAPTER 11 [4과제] 미디어 수염

시간	25분	배점	15점	척도	NS

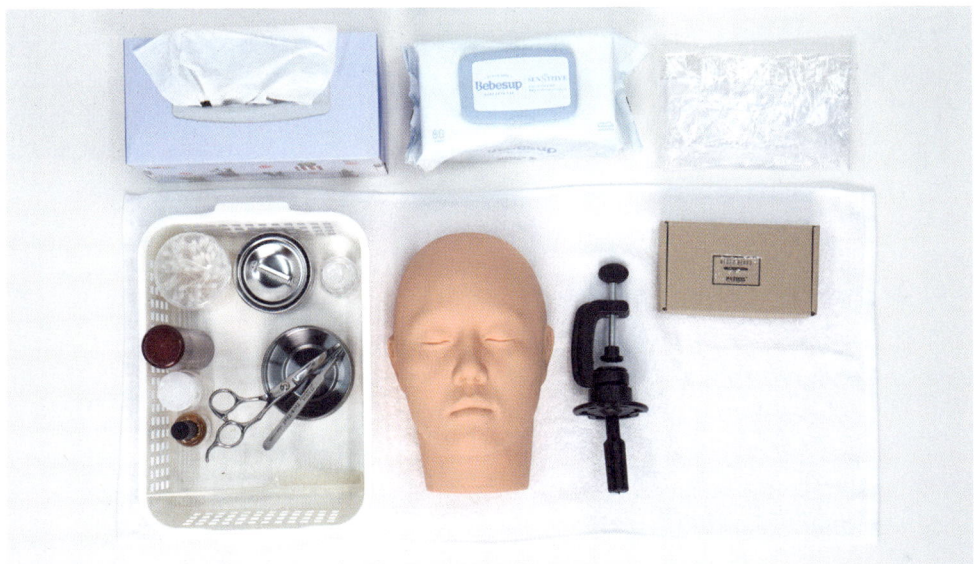

준비물

- 소독 및 위생도구 : 위생가운, 타월, 스프레이형 소독제, 미용솜(탈지면), 미용솜 용기, 면봉, 면봉용기, 미용티슈, 위생봉투, 물티슈
- 수염 시술 제품 : 가공된 수염, 스프리트 검, 스프리트 검 리무버, 고정스프레이(일반 헤어 스프레이)
- 기타도구 : 마네킹, 마네킹 홀더, 철제도구 용기, 수염 가위, 수염 빗, 핀셋 등

심사기준

소독 : 3점	턱수염 : 4점	콧수염 : 4점
완성도 : 4점		
		총 15점

1. 미디어 수염

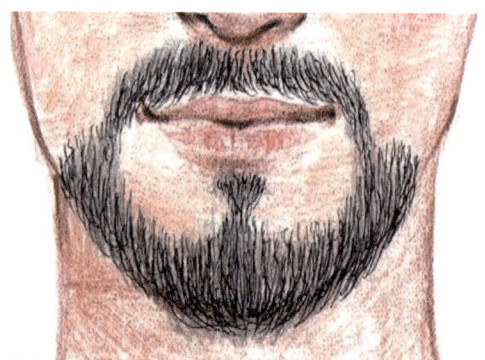 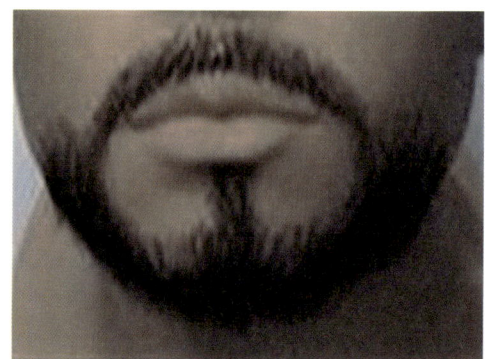

자격종목	미용사(메이크업)	과제명	미디어 수염	시험시간	25분

1) 요구사항 (4과제)

+ 지참재료 및 도구를 사용하여 아래의 요구사항에 따라 미디어 수염을 시험시간 내에 완성하시오.

가. 제시된 도면을 참고하여 현대적인 남성스타일을 연출하시오.(단, 완성된 수염의 길이는 마네킹의 턱 밑 1~2cm 정도로 작업한다.)

나. 과제를 수행하기 전 수험자의 손 및 도구류와 마네킹의 작업부위를 소독하시오.

다. 수염 접착제(스프리트 검)를 균일하게 도포하여 마네킹의 좌우 균형, 위치, 형태를 주의하면서 사전에 가공된 상태의 수염을 붙이시오.

라. 수염의 양과 길이 및 형태는 도면과 같이 콧수염과 턱수염을 모두 완성하시오.

마. 빗과 핀셋으로 붙인 수염을 다듬은 후 고정 스프레이와 라텍스 등을 이용하여 스타일링하시오.

스케치해보기

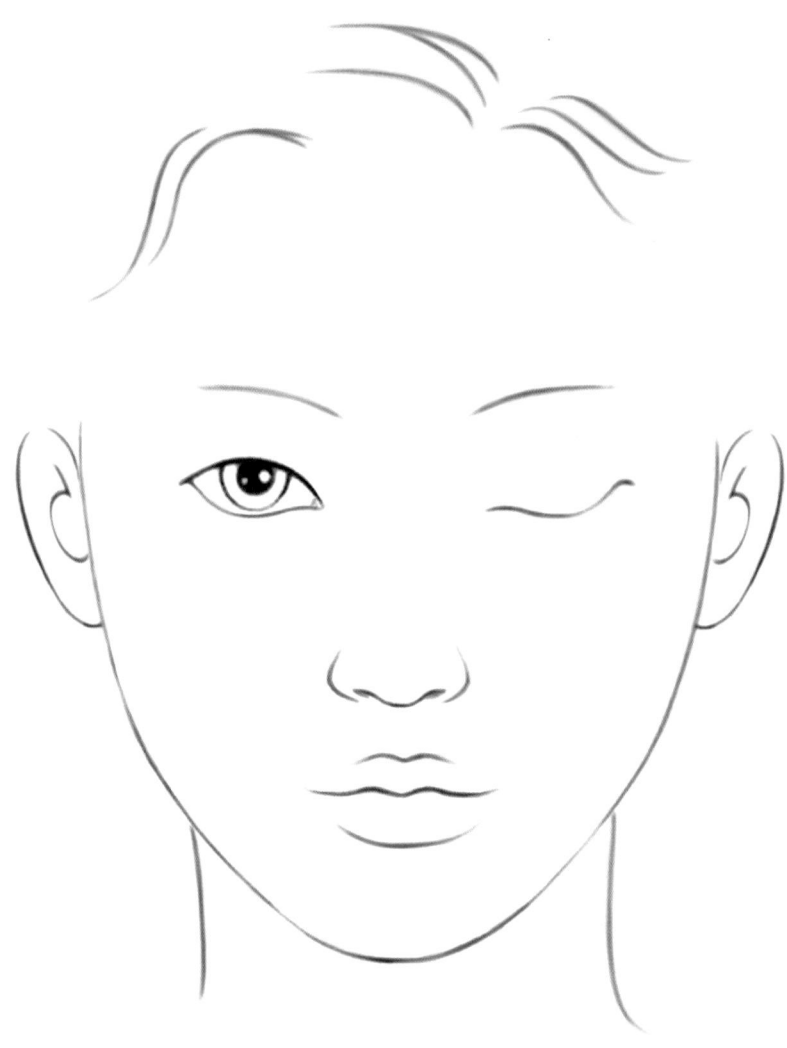

스케치해보기

🔵 TIP

메이크업 제품과 색연필을 이용하여 먼저 스케치해보면 이론적으로 과제를 이해하는 데 도움이 됩니다.

자격종목	미용사(메이크업)	과제명	미디어 수염	시험시간	25분

2) 수험자 유의사항

① 마네킹에는 지정된 재료 및 도구 이외에는 사용할 수 없습니다.

② 수염은 사전에 가공된 상태로 준비해야 합니다.

③ 핀셋, 가위 등의 도구류를 사용 전 소독제로 소독해야 합니다.

3) 시술 과정

가. 제시된 도면을 참고하여 현대적인 남성스타일을 연출하시오(단, 완성된 수염의 길이는 마네킹의 턱 밑 1~2cm 정도로 작업한다.)

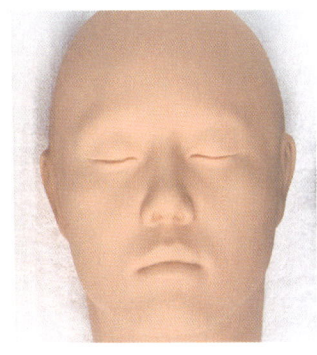

1. 4과제 시작에 앞서 속눈썹 익스텐션 왼쪽, 오른쪽, 미디어 수염 중 시험 과제가 발표되고 재료 세팅 및 준비시간이 주어지므로 미디어 수염이 제시 될 경우 마네킹에 인조 속눈썹을 부착하지 않고 밑그림이 없는 상태로 준비한다.

나. 과제를 수행하기 전 수험자의 손 및 도구류와 마네킹의 작업부위를 소독하시오.

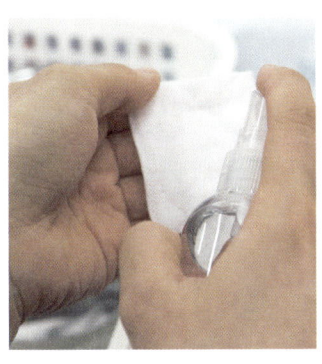
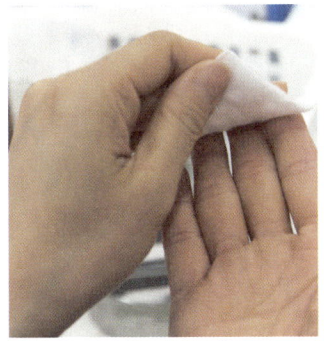

2. 소독제를 미용솜(탈지면)에 분사하여 손을 닦는다. 이때, 소독제 분사방향이 모델, 제품 또는 다른 수험자를 향하면 감점이 될 수 있으니 바닥 또는 위생봉투를 향하도록 한다.

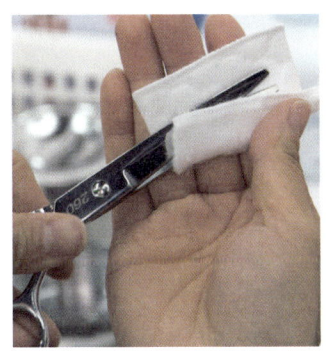
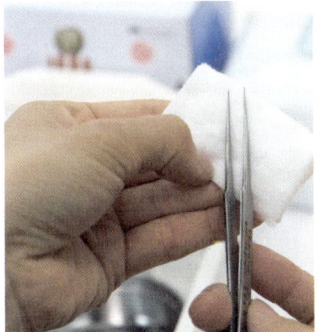

3. 소독제를 분사한 미용솜(탈지면)으로 철제도구 등을 닦는다.

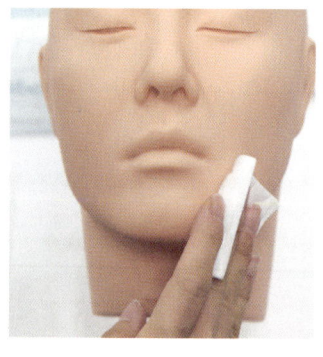 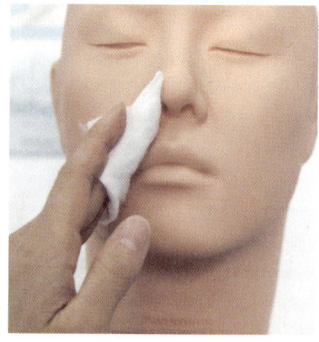

<u>4</u>. 소독제를 분사한 미용솜(탈지면)으로 마네킹의 턱 주변을 닦는다.

다. 수염 접착제(스프리트 검)를 균일하게 도포하여 마네킹의 좌우 균형, 위치, 형태를 주의하면서 사전에 가공된 상태의 수염을 붙이시오.

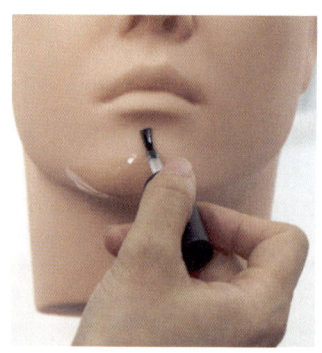 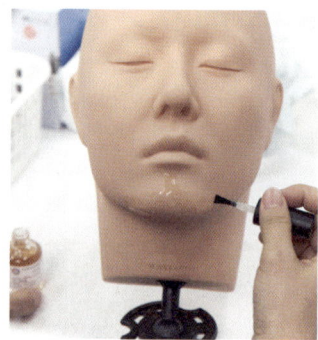

<u>5</u>. 수염 접착제(스프리트 검)를 마네킹 턱 아래에 좌우 대칭이 맞게 발라 턱수염 디자인을 한다. 이때 스프리트 검을 쏟거나 손 등에 묻지 않게 주의한다.

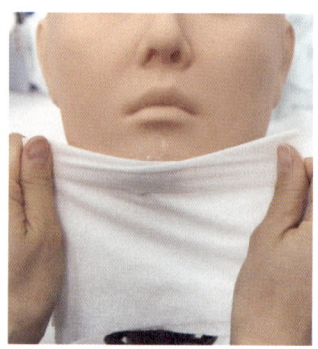

<u>6</u>. 수염 접착제(스프리트 검)를 마네킹에 바른 후 바로 수염이 접착되지 않기 때문에 물티슈나 물에 적신 거즈를 사용하여 여러 차례 눌러주며 끈적이는 질감으로 만들어 준다. 이때 스프리트 검을 닦아내지 않도록 주의한다.

라. 수염의 양과 길이 및 형태는 도면과 같이 콧수염과 턱수염을 모두 완성하시오.

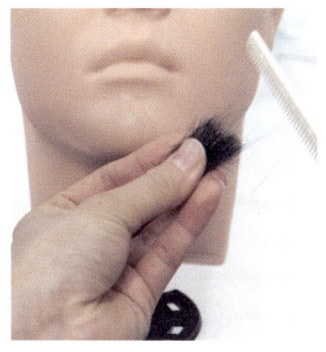 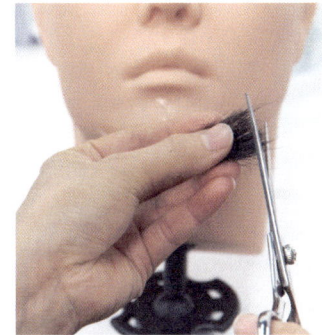

7. 가공된 수염을 적당량 잡고 가지런히 빗으로 빗어준다. 튀어나온 가닥은 수염가위로 다듬어 준다.

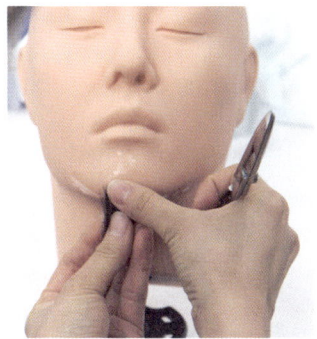 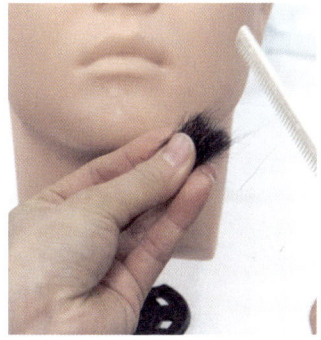

8. 가지런히 다듬은 수염을 턱 아래의 중앙 부분에 먼저 붙여준다. 이때 한 손으로는 수염을 잡고 다른 한 손으로 수염을 누르며 붙이고 살며시 뺀다. 빠져나오는 가닥은 다시 다듬고 좌우 나란히 붙여준다.

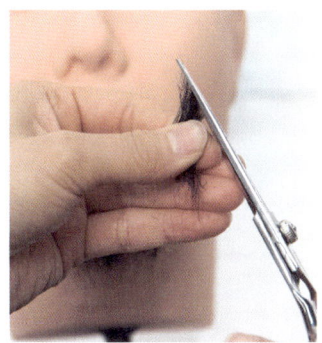 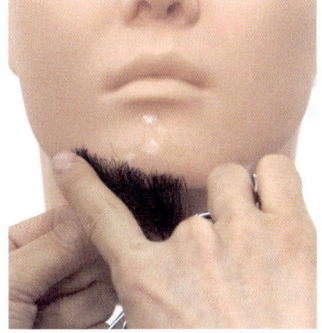

9. 수염을 왼쪽으로 사선이 되도록 잘라 왼쪽 라인을 만들어 준다.

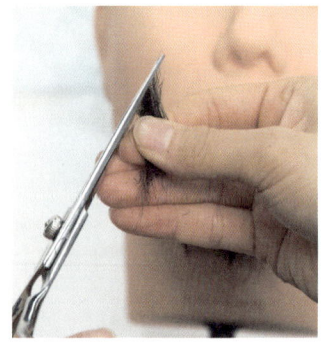 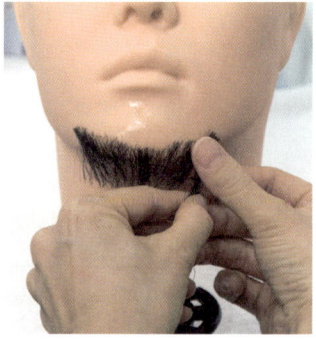

10. 수염을 오른쪽으로 사선이 되도록 잘라 오른쪽 라인을 만들어 준다.

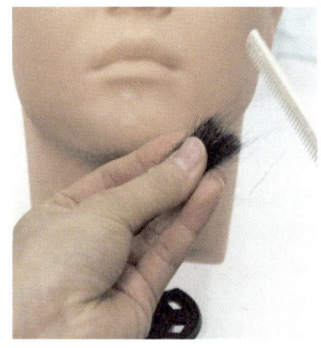 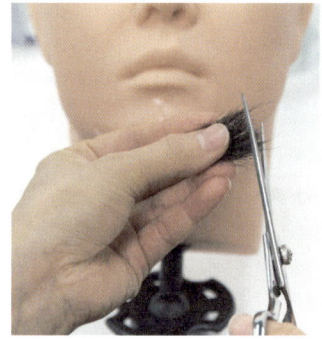

11. 동일한 방법으로 반복하여 수염을 붙여준다.

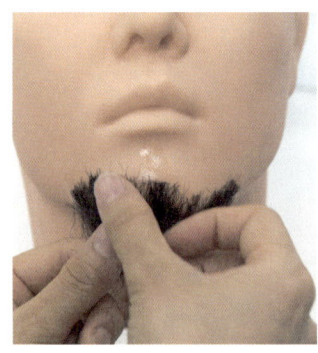 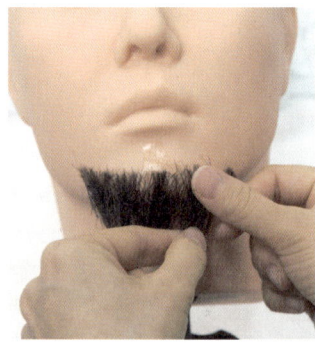

12. 풍성한 수염 형태를 위해 앞서 부착한 수염 위에 한 단계 더 반복적으로 붙여준다.

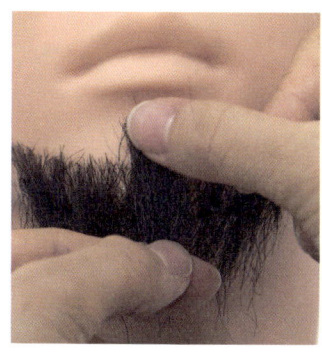

<u>13</u>. 입술 아래 중앙에도 좁게 덧붙여준다.

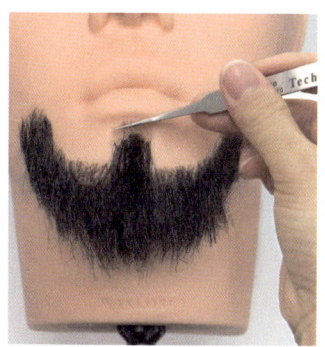 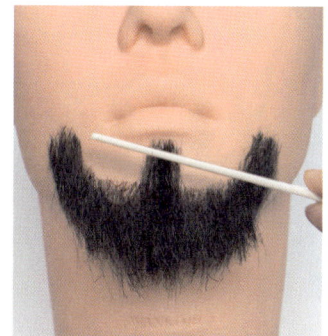

<u>14</u>. 핀셋과 빗을 이용하여 뭉쳐 있거나 삐져나온 수염 가닥을 정리해준다.

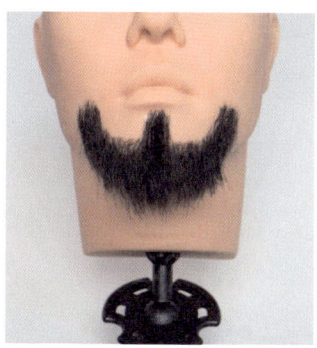

<u>15</u>. **턱수염 완성**

16. 수염 접착제(스프리트 검)를 마네킹 코 아래에 좌우 대칭이 맞게 발라 콧수염 디자인을 한다.

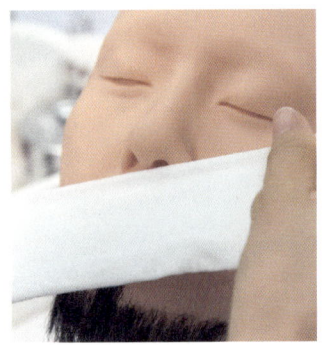

17. 수염 접착제 (스프리트 검)를 마네킹에 바른 후 바로 수염이 접착되지 않기 때문에 물티슈나 물에 적신 거즈를 사용하여 여러 차례 눌러주며 끈적이는 질감으로 만들어 준다. 이때 스프리트 검을 닦아내지 않도록 주의한다.

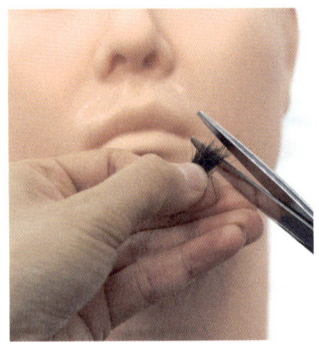

18. 가공된 수염을 적당량 잡고 빗과 수염가위로 가지런히 다듬어 준다.

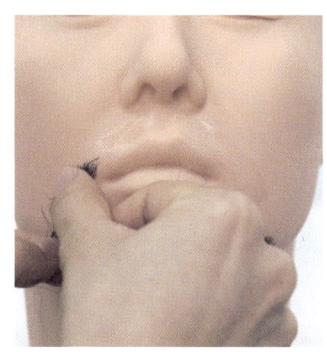 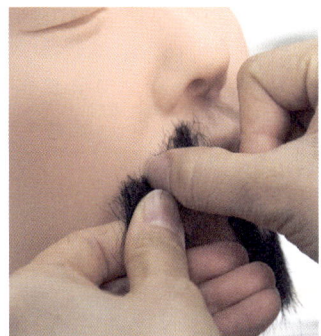
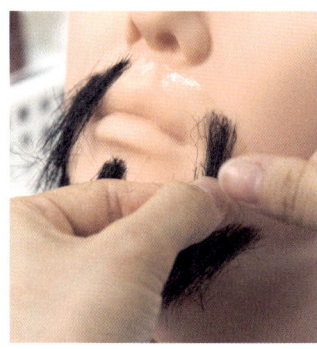 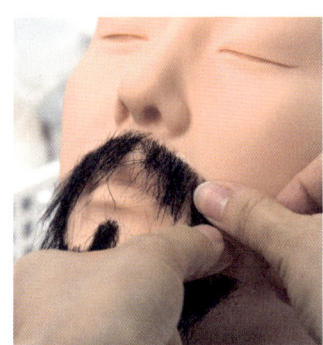

19. 왼쪽과 오른쪽 대칭을 맞추어 콧수염 디자인을 따라 붙여준다.

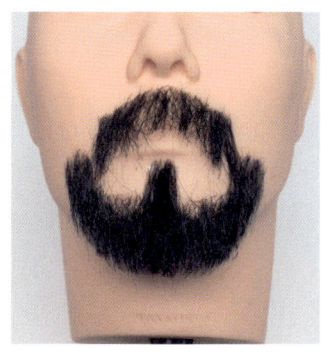

20. 콧수염 완성

마. 빗과 핀셋으로 붙인 수염을 다듬은 후 고정 스프레이와 라텍스 등을 이용하여 스타일링 하시오.

21. 핀셋과 빗을 이용하여 뭉쳐 있거나 삐져나온 수염 가닥을 정리해준다.

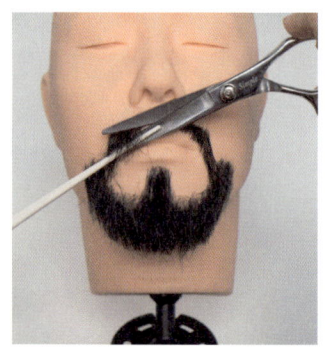 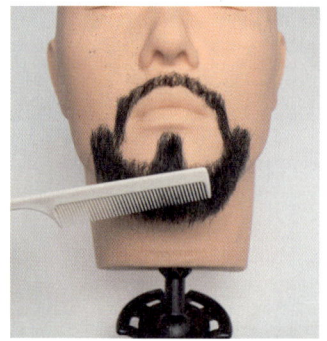

22. 위험하지 않게 빗과 가위를 이용하여 콧수염과 턱수염을 잘라준다. 이때 턱수염은 턱 아래로 1~2cm 정도의 길이로 너무 길지 않게 하고 콧수염은 윗입술을 덮지 않게 자른다.

 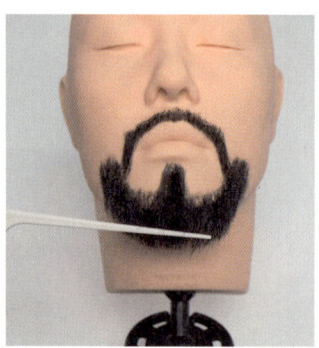

23. 빗의 끝부분에 고정 스프레이를 뿌리고 수염 위를 가볍게 쓸어주며 정리한다. 이때 고정스프레이를 수염에 직접 분사하지 않도록 주의한다.

완성모습

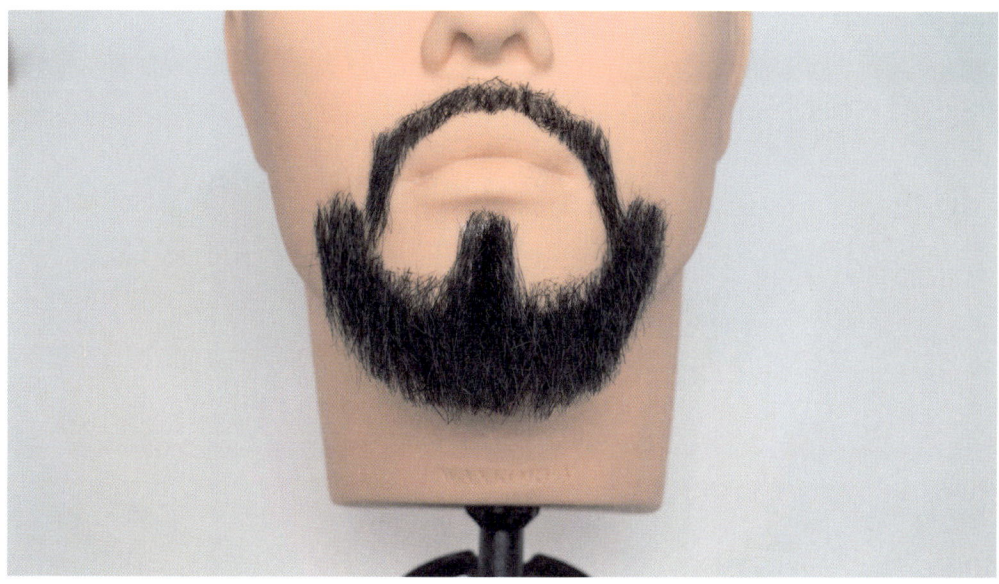

정면

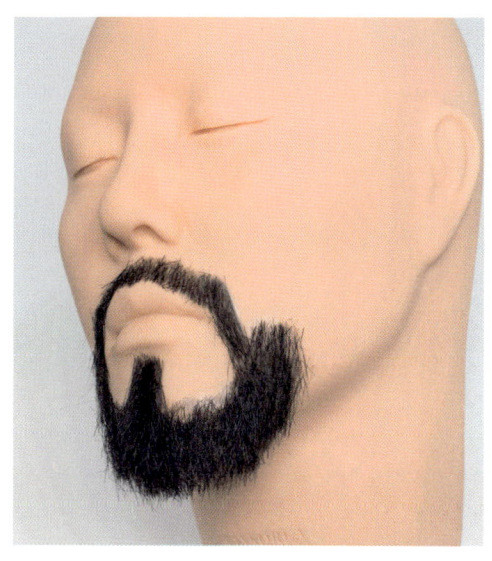 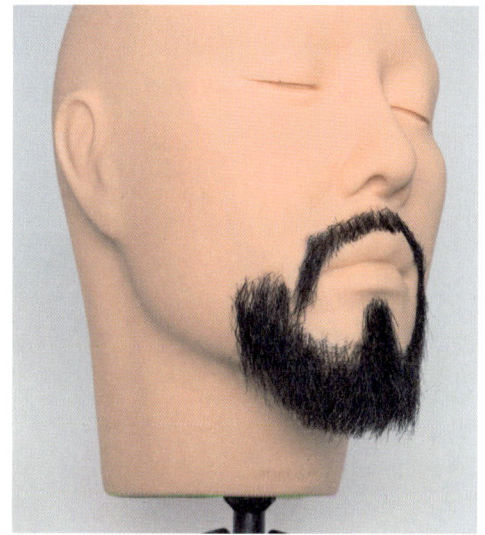

측면

미용사 메이크업 실기

Make-up

CHAPTER 12

미용사(메이크업) 공개문제 및 지참준비물 관련 FAQ

Q1. 미용사(메이크업) 실기시험의 과제 구성은 어떻게 됩니까?

A1. 미용사(메이크업) 실기시험은 실기시험관련 안내사항에 공개된 바와 같이
1과제 [뷰티 메이크업] : 1) 웨딩(로맨틱), 2) 웨딩(클래식), 3) 한복, 4) 내추럴
2과제 [시대 메이크업] : 1) 그레타 가르보, 2) 마릴린 먼로, 3) 트위기, 4)펑크
3과제 [캐릭터 메이크업] : 1) 레오파드, 2) 한국무용, 3) 발레, 4) 노인
4과제 [속눈썹 익스텐션 및 수염] :
 1) 속눈썹 익스텐션(왼쪽), 속눈썹 익스텐션(오른쪽), 3) 미디어 수염의 4과제로 구성되어 시험이 시행됩니다.
세부과제로 1과제 : 뷰티 메이크업 1)~4)과제 중 1과제 선정, 2과제 : 시대 메이크업 1)~4)과제 중 1과제 선정.
 3과제 : 캐릭터 메이크업 1)~4)과제 중 1과제 선정, 4과제 : 1)~3)과제 중 1과제 선정, 총 4과제로 시험 당일 각 세부 과제가 랜덤 선정되는 방식입니다. 공개문제 등은 수정사항이 생기는 경우 새로 등재되므로 정기적으로 확인을 하셔야 합니다.

Q2. 과제별 시험 시간은 어떻게 됩니까?

A2. 시험시간은 전체 2시간 35분(순수작업시간 기준)이며, 각 과제별 시험시간은 1과제 40분, 2과제 40분, 3과제 50분, 4과제 25분이고, 각 과제 사이에 10~15분 정도의 준비시간이 주어집니다.

Q3. 과제별 시험 배점은 어떻게 됩니까?

A3. 전체 100점으로, 각 과제별 배점은 1과제 30점, 2과제 30점, 3과제 25점, 4과제 15점입니다.

Q4. 과제별 작업 대상은 어떻게 됩니까?

A4. 각 과제별 대상부위는 1, 2, 3과제는 모델의 얼굴에 4과제는 마네킹에 작업을 합니다.

Q5. 기존의 민간 협회 등의 경우 협회에 따라 메이크업 작업 방법이 다르고 또 업소나 사람마다 행하는 시술방법이 다른 것 같은데 어떤 것을 기준으로 하게 되나요?

A5. 미용사(메이크업) 종목은 기능사 등급의 시험으로 메이크업 미용사의 업무를 행하기 위한 기본적인 동작과 시술을 보는 것이기 때문에 각 협회나 업소에 따른 특별한 시술법을 요구하지 않습니다. 작업 부위별 숙련도 및 기법, 완성상태 등을 중점으로 채점하는 것을 기본 방향으로 하고 있습니다.

Q6. 모델의 조건은 어떻게 되나요?

A6. 모델은 수험자가 대동하고 와야 하며 자신이 데려온 모델은 자신이 작업하게 됩니다. 만 14세 이상~ 만 55세 이하(년도 기준) 사전에 메이크업이 되어 있지 않은 상태로 시험에 임하여야 합니다. 또한, 대동하는 모델의 연령 제한에 따라 모델은 공단에서 지정한 신분증을 지참해야 합니다.

Q7. 수험자의 복장 기준은 어떻게 되나요?

A7. 수험자는 반드시 반팔 또는 긴팔 흰색 위생복(일회용 가운 제외)을 착용해야 하며 복장에 소속을 나타내거나 암시하는 표식이 없어야 합니다. 또한, 위생복 안의 옷이 위생복 밖으로 절대 나오지 않아야 합니다. 눈에 보이는 표식(예 : 네일 컬러링, 디자인 등)이 없어야 하며, 표식이 될 수 있는 액세서리(예 : 반지, 시계, 팔찌, 발찌, 목걸이, 귀걸이 등)를 착용할 수 없습니다.

Q8. 모델의 복장 기준은 어떻게 되나요?

A8. 모델은 수험자와 마찬가지로 눈에 보이는 표식(예 : 네일 컬러링, 디자인 등)이 없어야 하며, 표식이 될 수 있는 액세서리(예 : 반지, 시계, 팔찌, 발찌, 목걸이, 귀걸이 등)를 착용할 수 없습니다. 또한, 머리카락 고정용품(머리핀, 머리띠, 머리망, 고무줄 등)을 착용할 경우 검은색만 허용하며 써클 렌즈나 컬러 렌즈 등의 착용이 불가합니다.

Q9. 시험 시작 전 모델의 준비상태는 어떻게 되나요?

A9. 모델은 과제 시작 전 본인의 모발 색상을 가릴 수 있는 흰색의 터번(헤어터번) 및 착용한 상의 색상을 가릴 수 있는 어깨보를 착용한 상태로 준비합니다.

Q10. 수험자나 모델의 손 등에 타투가 있거나 모발을 탈색했을 경우 등에는 시험 응시에 제한이 되나요?

A10. 문신, 헤너 등이 있거나 모발을 탈색한 수험자나 모델은 별도의 감점사항 없이 시험에 응시가 가능합니다. 또한, 모델의 헤어 컬러링 상태가 눈에 띄거나 탈색 모발일 경우, 헤어 터번을 넓은 종류로 선택 착용하여 가린 후 응시하면 됩니다.

Q11. 우드 스파출라와 고정 스프레이의 사용 용도는 어떤가요?

A11. 우드 스파출라는 4과제 속눈썹 익스텐션 시 전처리제가 눈에 들어가지 않도록 속눈썹을 받히는 용도로 사용하며, 고정 스프레이는 4과제 미디어 수염 시 작업 후 완성된 수염을 고정하는 용도로 일반 헤어 스프레이도 사용 가능합니다.

Q12. 화장품은 어떤 형태로 가져와야 합니까?

A12. 화장품은 판매되는 제품으로 가져오시면 되고 사용하던 것도 무방하지만 덜어오는 것은 안됩니다. 단, 지참재료목록상 팔레트 제품(아이섀도우, 립) 및 용기가 언급되어 있는 소독제는 용기에 담겨진 형태로 덜어서 지참이 가능합니다(별도의 라벨링 작업이 불가함).

Q13. 시판용 재료나 외국산 재료를 사용해도 되나요?

A13. 지참목록상의 기구 및 화장품은 위생상태가 양호한 것으로 브랜드를 차별하지 않습니다. 같은 회사의 라인으로 통일시킬 필요도 없으며 시판용 재료나 외국산 재료 등도 모두 사용가능합니다. 또한 성분에 따른 제품의 종류에 특별한 제한을 두진 않습니다.

Q14. 소독제는 어떻게 준비하나요?

A14. 펌프식 혹은 스프레이식의 용기 등에 알코올 등의 소독제를 넣어 오시면 되고 이것은 화장솜 등에 묻혀 화장품, 기구 혹은 손 등의 소독 시에 사용됩니다. 또한 스프레이식을 사용하여 소독하는 것에 대한 감점 등의 사항은 없습니다.

Q15. 타월은 제시된 규격대로만 준비해야 합니까?

A15. 지참재료목록상의 40x80cm 내외는 시험장 작업대의 크기(폭 45cm x 길이 120cm x 높이 74cm 이상)를 고려한 사이즈로 타월의 사이즈가 더 클 경우 본인의 작업에 불편을 초래할 수도 있으므로 공지된 규격에 맞추어 준비해오기를 권장하며, 필요시 타월 2장 이상을 겹쳐서 작업대에 세팅하셔도 됩니다.

Q16. 탈지면 용기의 재질 및 색상은 어떤 것이어야 하나요?

A16. 탈지면 용기는 뚜껑이 있는 것으로 재질은 금속, 플라스틱, 유리 모두 허용되므로 본인이 사용하기에 편리한 재질로 준비하면 됩니다.

Q17. 기타 자신이 가지고 오고 싶은 도구를 가져오는 것은 가능한가요?

A17. 공개문제 및 수험자 지참 준비물에 언급된 도구 및 재료 중 기타 실기시험에서 요구한 작업 내용에 영향을 주지 않는 범위 내에서 수험자가 메이크업 작업에 필요하다고 생각되는 재료 및 도구 등은 (예 : 아이섀도우(크림, 펄 타입 등)류, 브러시류, 핀셋류 등) 더 추가 지참 할 수 있습니다(단, 공개문제 및 수험자지참 준비물에 언급된 재료 및 도구 이외에 작업의 결과에 영향을 줄 수 있는 제3의 도구 (브러시 수납벨트, 앞치마 등) 및 재료의 지참은 불가합니다). 또한, 더마왁스, 실러, 아쿠아컬러의 경우 필요시 추가로 지참하여 사용가능합니다.

Q18. 4과제에 사용하는 마네킹은 어떻게 준비해야 하나요?

A18. 지참재료 목록상 1개로 공지된 마네킹은 시중의 속눈썹 연장 시 사용되는 눈을 감은 마네킹에 속눈썹 익스텐션 및 미디어 수염 등의 작업을 모두 하는 것이 가능하며 필요한 경우 속눈썹 연장 시 사용하는 눈을 감은 마네킹과 수염 마네킹을 각 각 1개씩 지참하는 것도 가능합니다. 또한 시중에 판매되고 있는 얼굴 1면에 속눈썹 연장과 수염 관리를 함께 작업할 수 있는 마네킹도 사용가능합니다. 다만, 지참하는 마네킹은 사전에 5~6mm 정도의 인조 속눈썹이 50가닥 이상이 부착된 상태로 준비해야 합니다.

Q19. 일회용품 등은 어떻게 사용하고 폐기하나요?

A19. 눈썹칼, 스폰지, 퍼프, 분첩 등은 1과제 시 새것으로 지참하여 다음 과제 시 계속 사용 가능하며, 우드 스파츌라, 면봉, 탈지면(미용솜) 등은 새것으로 지참하여 사용 후 폐기합니다.

Q20. 아이 섀도우 팔레트 및 립 팔레트는 반드시 팔레트 형태로만 지참해야 하나요?

A20. 아이 섀도우 팔레트 및 립 팔레트는 팔레트 형태가 아닌 단품류의 제품도 사용 가능하며 색상 및 수량 등은 본인의 필요에 따라 제한 없이 추가 지참하면 됩니다.

Q21. 스틱 파운데이션이나 컨실러 등을 추가 지참해도 되나요?

A21. 페이스 파우더, 메이크업 베이스, 파운데이션 등은 본인의 색상 및 제형, 수량 등의 제한 없이 본인의 필요에 따라 추가 지참 가능하며 파운데이션 류인 스틱 파운데이션 및 컨실러 등도 추가 지참 가능합니다. 단, 에어졸 타입으로 분사하여 사용하는 파운데이션류는 사용이 불가합니다.

Q22. 4과제 미디어 수염 과제 시 수염 및 수염 접착제 등은 어떻게 준비해야 하나요?

A22. 수염은 검정색의 생사 또는 인조사를 작업하기에 적합하게 사전에 가공하여 시험 시간 내에 마네킹에 붙이시면 됩니다. 수염 접착제는 스프리트 검이나 프로세이드를 사용하야 합니다.

Q23. 4과제 속눈썹 익스텐션 과제 시 연장할 속눈썹 및 글루, 속눈썹을 붙일 때 사용하는 속눈썹 접착제 등은 어떻게 준비해야 하나요?

A23. 속눈썹은 J컬 타입으로 8, 9, 10, 11, 12mm를 모두 지참하되 마네킹에 사전에 붙여온 인조 속눈썹과 속눈썹(J컬)을 1 : 1로 연장하여 완성된 속눈썹(J컬) 개수가 40개 이상이 되도록 작업합니다. 글루 및 속눈썹 접착제는 화학물질 등록 및 평가에 관한 법률에 근거하여 유해우려 물질로 그 인증절차가 조정되었으므로 반드시 국가공인 인증기관으로부터 자가검사 번호를 부여받은 제품을 사용해야 합니다.

Q24. 각 과제별 작업 시 시간을 확인하고 싶은데 스톱워치 등의 추가 지참이 가능한가요?

A24. 스톱위치나 손목시계 등은 공지된 바와 같이 지참이 불가능하며 작업 시간은 검정장 안에 있는 벽시계는 보시고 확인하기 바랍니다. 또한 검정장의 본부 요원 등이 시험 당일 시험 종료 5~10 분 전 등을 미리 안내합니다.

Q25. 기존 민간자격검정과 같이 제품에 라벨링을 해도 되나요?

A25. 수험자가 도구 또는 재료에 구별을 위해 표식(스티커 등)을 만들어 붙일 수 없으므로 재료에 상표 이외에 별도로 라벨링을 하는 것은 표식으로 간주되어 채점 시 불이익이 있으므로 삼가시기 바랍니다.

Q26. 1과제부터 4과제의 전체 재료를 한번에 세팅하고 작업해도 되나요?

A26. 전체 재료를 한꺼번에 세팅하면 작업대가 비좁아 과제 수행이 어렵습니다. 과제별 재료의 세팅은 시험 시작 전 각 과제를 과제별로 본인이 미리 세팅한 후 각 과제 시마다 세팅된 재료를 사용하면 되며, 각 과제 시 중복 사용되는 재료(소독제, 미용티슈, 분첩 등)은 1과제 세팅된 부분을 연속적으로 사용 가능합니다.

Q27. 준비시간 내에 대동모델의 메이크업 제거를 어떻게 해야 하나요?

A27. 1, 2과제 종료 후 각 과제 준비시간 전에 본부요원의 지시에 따라 클렌징 제품 및 도구를 사용하여 완성된 과제를 제거하고 다음 과제의 작업 준비를 해야 합니다.

3과제 종료 후에는 4과제 준비시간 전에 본부요원의 지시에 따라 클렌징 제품 및 도구를 사용하여 완성된 과제를 변형 혹은 제거하고 4과제 작업 준비를 해야 합니다. 준비시간은 15분 내외로 주어지며 클렌징 티슈 및 클렌징 로션 등의 클렌징 제품으로 신속히 작업분을 제거한 후 사전에 준비해 온 해면, 습포 등을 병행사용 가능하며, 메이크업 제거 후 대동 모델이 사용할 스킨 토너, 영양 크림 등의 기포 화장품은 수험자가 추가로 지참하여 시간 내에 사용하신 후 다음 과제를 준비하면 됩니다.

Q28. 공개문제 요구사항의 내용 순서대로 작업해야 하나요?

A28. 공개문제 요구사항의 내용은 작업 시 요구되는 내용을 명시한 것으로 수험자의 메이크업 테크닉에 따라 시술방법에 차이가 있으므로 작업순서와는 무관합니다. 단, 피부표현 전에 아이 메이크업을 한다든지 상식적으로 어긋난 작업 시 작업의 숙련도 등에서 낮은 득점이 됨을 참고바랍니다.

Q29. 작업 시 팔레트(플레이트 판) 대신 손등을 활용하거나 브러시 대신 손가락 등을 사용해도 되나요?

A29. 메이크업 시 팔레트 이외에 손등을 활용하거나 브러시 이외에 손가락 등을 사용하여도 가능하나 기본적으로 팔레트에서 믹싱을 하는 것이 기본이며 브러시나 퍼프 사용 등도 숙련도 평가대상이므로 손등이나 손가락만을 이용하여 작업하는 것은 지양해야 합니다. 또한 작업 시 새끼손가락 등에 퍼프를 끼우는 등의 작업 방식은 테크닉적인 측면에서의 별도 제한은 없으므로 허용이 됩니다.

Q30. 앉아서 작업해도 되나요?

A30. 기복적으로 시험장에 수험자용과 모델용의 의자가 구비되어 있으므로 모델은 의자에 앉은 상태로 작업을 하고 수험자는 메이크업 테크닉에 따라 앉거나 서서 작업할 수 있습니다.

Q31. 작업 시 출혈이 나면 어떻게 해야 하나요?

A31. 작업 시 출혈이 있는 경우 소독된 탈지면으로 소독한 후 작업하셔야 합니다.

Q32. 공개문제의 일러스트 도면 외에 모델에게 작업한 사진을 공개해 줄 수는 없나요?

A32. 사진 모델의 이미지에 따라 제시된 이미지가 달라질 수 있으며 각 과제 당 한 모델을 지정하여 작업하는 방식은 과거 전문 모델의 동의를 얻어 기 공개된 미용사(피부)의 사전 메이크업 예시 사진과는 달리 과제 전체를 공개해야하며 개인정보가 강화된 현재의 상황에서 해당 시험문제의 공개도면을 모델에게 작업한 사진으로 대체하는 사항은 개인의 초상권 침해 및 예산 등의 사항으로 적용이 어려운 부분임을 널리 양해 바랍니다.

Q33. 공개문제에 사용되는 컬러와 기법 등을 지정 및 명시해 줄 수 없나요?

A33. 미용사(메이크업)종목은 기능사 등급의 시험이므로 아트적인 측면에서 접근하는 방식이 아닌 메이크업 미용사의 업무를 행하기 위한 기본적인 동작과 작업을 보는데 중점을 두고 있습니다. 공개문제에서 요구한 컬러의 경우 정확하게 일치하지 않더라도 유사 계통의 색상을 사용해도 무방하며 제시한 요구사항 및 도면과 최대로 유사한 이미지의 메이크업을 완성하면 됩니다. 또한, 공개문제에서 요구 및 제시하지 않은 사항은 작업 시 특별한 제한을 두지 않은 사항임을 참고하기 바라며 수험자의 메이크업 테크닉 및 사용 제품 등에 제한을 둘 수 없으므로 특정한 컬러와 기법 등을 지정하는 것은 불가합니다.

Q34. 속눈썹 익스텐션 작업 시 연장랑 속눈썹(J컬)을 이미 손등 등에 올려놓고 사용해도 되나요?

A34. 속눈썹 익스텐션 작업 시 연장할 속눈썹(J컬)은 신체 부위에 올려놓고 사용하면 안 되며 수험자 지참준비물에 추가된 속눈썹 판에 올려놓고 작업해야 합니다.

Q35. 미디어 수염 작업 시 가위를 사용해도 되나요?

A35. 마네킹에 수염 작업 시 가위사용은 가능하며, 마네킹에 사전 가공된 상태의 수염을 붙인 후 가위를 사용하여 수염의 길이와 모양을 다듬는 용도 등으로 사용하면 됩니다.

Q36. 문신 및 반영구 메이크업 이외에 눈썹염색, 속눈썹 연장을 한 경우 대동모델 조건으로 가능한가요?

A36. 사전에 대동 모델의 눈썹정리 등은 가능. 문신 및 반영구 메이크업, 눈썹염색 및 틴트 제품 등을 사용해 온 경우 모델 대동은 가능하나, 감점사항에 해당됩니다.

Q37. 속눈썹 익스텐션 시 사용하고 난 나무 스파츌라는 어떻게 처리하나요?

A37. 속눈썹 익스텐션 시 전처리제가 눈에 들어가지 않도록 속눈썹 아래에 받치는 용도 등으로 사용되는 나무 스파츌라는 사용 후 폐기하면 됩니다.

+ 지참 준비물 등은 문제의 변경이나 기타 다른 사유로 수량 및 품목 등이 변경될 수도 있으니 정기적인 확인을 부탁드립니다.
+ 기타 세부 사항은 본 공단 홈페이지(http://www.q-net)의 [고객지원-자료실-공개문제]에 공개되어 있는 내용을 참고하시기 바랍니다.

공지되는 FAQ는 시험준비를 앞둔 수험자들의 편의를 도모하기 위해 수험자의 빈번한 문의사항에 대한 답변을 정리한 것이며, 해당 내용은 관련분야의 전문가로 구성된 전문가 회의 및 자문을 통해 결정된 사항에 대한 설명으로 시험 준비 시에 참고하기 바랍니다.

저자소개

황 혜 인

- K뷰티이미지연구소 대표
- 서정대학교 뷰티아트과 메이크업 외래교수
- 한국패션샵마스터협회 이사
- 한국패션심리연구원 전임교수
- 신라호텔, 파라다이스 시티, 조선호텔 등
  특급호텔 헤어메이크업교육강사
- 전)강원대학교 연극영화과 무대분장 외래교수
- 전)올댓뷰티아카데미 메이크업 강사
- 전)SBS방송아카데미 메이크업 강사
- 전)아름다운사람들 메이크업 강사

- 국민대학교 종합예술대학원 분장예술학 석사
- 단국대학교 시각디자인과 학사

미용사 메이크업 실기 + 무료동영상

2022년 1월 3일 초판 인쇄
2022년 1월 10일 초판 발행

저 자	황혜인
발 행 인	조규백
발 행 처	도서출판 구민사
	(07293) 서울시 영등포구 문래북로 116, 604호(문래동 3가 46, 트리플렉스)
전 화	(02) 701-7421~2
팩 스	(02) 3273-9642
홈페이지	www.kuhminsa.co.kr
신고번호	제2012-000055호(1980년 2월 4일)
I S B N	979-11-5813-983-4(93590)
정 가	24,000원

이 책은 구민사가 저작권자와 계약하여 발행했습니다.
본사의 서면 허락 없이는 어떠한 형태나 수단으로도 이 책의 내용을 이용할 수 없음을 알려드립니다.